千代田邦夫
Chiyoda Kunio

経営者はどこに行ってしまったのか

東芝 今に続く混迷

中央経済社

はじめに

　金融庁公認会計士・監査審査会に在籍中の2015年，東芝事件に遭遇した。「出番だな」と，気持ちを引き締めた。スタッフと何度も打ち合わせをしつつ，第三者委員会の調査報告書を待った。

　2015年7月，調査報告書が発表され，会計監査については取り上げていないことが判明。我々の使命である監査法人監査が適正に行われていたのかを検査するため，一気に動いた。そして，翌2016年1月4日からの通常国会に備え，12月下旬には検査報告をまとめ，納得して任務を退いた。

　京都西山がなだらかなラインを描き，嵐山からの桂川がゆったりと流れる。沈む夕日を背景に空と雲と山と川が淡紅色に染まるなか，川辺の銀色のススキの穂が静かに揺れる。

　そんな風景に臨む部屋の棚に，切り抜いた新聞記事などを収めたバインダーが50冊以上並んでいる。机に向かい，その棚を見るたびに，「研究者として応えてきたのか」と自問し，「勉強することが生きることだ」と自らに暗示をかけ，混迷する東芝の根本的原因を探るべく調査報告書を改めて読み返した。

　明らかに，"ガバナンス"の重大な欠陥が読み取れた。企業経営のすべての責任は，代表取締役・社長執行役員にある。

　バインダーの約30年間の情報を時系列的に並べ，東芝事件と関連させて，コーポレート・ガバナンスの観点から整理したのが本書である。

- 東芝の粉飾決算はどのようにして行われたのか？　巨大企業の絶対的な権力を有する社長の強烈なプレッシャーの下，「慣行的な手法」と「高度かつ巧妙な手法」による組織的な粉飾決算の実態を見ることができる。
- 今なお出口が見えない東芝混迷の最大の原因は，2006年に買収し子会社化した米国原子力関連会社ウェスチングハウスにある。東芝が"社運"を賭けた同社は2017年に経営破綻した。なぜか？

- 実は，東芝の財務基盤は脆弱であった。東芝が粉飾決算に奔らざるを得なかった一因は，金融機関から課せられた「財務制限条項」への抵触を避けるためではなかったのか？
- 東芝の"ガバナンス"は機能していなかった。東京電力福島第一原子力発電所事故後の危機において，経営者は何をしていたのか？　取締役会は"ムラ化"した海外原子力事業をなぜコントロールできなかったのか？

そして，

- 地球環境を保護し平和で豊かな生活を持続していくための「企業の社会的責任」（CSR）とは一体何だろうか？
- そもそも"コーポレート・ガバナンス"とは何か？
- "ミッション"，"ビジョン"，"バリュー"，"ESG"，"SDGs"，"CSV"とは何か？
- ガバナンスの中核に位置する社長像とは？
- ガバナンス体制を支える社外取締役の役割は？　彼らはその期待に応えているのか？
- 健全なガバナンスには健全な内部統制が不可欠であるが，変容する内部統制に落とし穴はないか？

　本書では，東芝事件を教訓に，経営者に焦点を当て，コーポレート・ガバナンスについて考える。

著　者

目　　次

第1章　東芝劇場「粉飾決算」

―― 会計基準の弱点を突く慣行的な粉飾手法 ………………………… 1

1　事件当初の経緯　1

2　第三者委員会調査報告書　3

　⑴　委嘱事項・調査期間・委員会の構成など　3

　⑵　連結税引前当期純利益の修正額　4

　⑶　東芝の事業概要・カンパニー制度・ガバナンス体制　5

3　工事進行基準に係る会計処理　6

　⑴　工事進行基準の会計処理　6

　⑵　「調査により判明した事実」の要約　7

　⑶　不適切な会計処理の発生原因　10

4　映像事業における経費計上などに係る会計処理　11

　⑴　問題となる会計処理　11

　⑵　コーポレートからのチャレンジ必達のプレッシャーの過酷化

　　　12

　⑶　不適切な会計処理の発生原因　14

第2章　東芝劇場「粉飾決算」（続）

―― 経営者の猛烈なプレッシャーと高度かつ巧妙な粉飾手法 …… 17

1　パソコン事業における部品取引などに係る会計処理　17

　⑴　パソコン事業の推移　17

　⑵　部品取引と完成品取引に係る会計処理　18

　⑶　具体例　19

　⑷　第三者委員会の見解　21

　⑸　マスキング倍率の「操作」　22

⑹　3社長時代　**22**

⑺　不適切な会計処理の発生原因　**30**

2　半導体事業における在庫の評価に係る会計処理　31

⑴　前工程標準原価改訂に伴う原価計算　**31**

⑵　利益かさ上げの意図は？　**32**

3　原因論まとめ　33

4　その後の状況 —— 追い込まれた東芝　34

第3章　東芝劇場「粉飾決算」観劇記 ……………………………… **39**

　1　なぜ，第三者委員会は「東芝のためだけ」の委員会か？
　　　39

　2　なぜ，東芝はガバナンスの「優等生」といわれていたのか？
　　　40

　3　なぜ，第三者委員会はウェスチングハウスを取り上げないの
　　　か？　42

　4　なぜ，「不適切会計」か？　43

　5　なぜ，東芝幹部らはバレないと思ったのか？　45

　6　なぜ，第三者委員会は監査法人を庇（かば）うのか？　46

　7　第三者委員会報告書を格付けすると？　52

第4章　東芝 失われた15年 —— ウェスチングハウス社 ……………… **55**

　1　原子力事業の海外戦略　55

⑴　WHを買収　**55**

⑵　WHの脆弱な資産　**57**

　2　順調な滑り出し。ところが ……　58

　3　第三者委員会調査報告書のWH案件 ——"奥の手"を使った
　　　新日本監査法人　59

　4　週刊誌の「力」　62

　5　東芝，原子力事業とWHの減損処理の情報を開示　65

⑴　東芝全体の原子力事業の実績 ——"意外"にも好調！　65

⑵　WHの実績 —— 減損処理後は営業赤字　67

⑶　WHの「のれん」の減損 ——"危うい"会計処理　68

⑷　原子力事業計画 —— 本気か？　70

⑸　各紙の反応　71

6　利益の捻出？　71

⑴　減損テストの変更　71

⑵　固定資産の減価償却方法の変更　73

7　まったく予期せぬ巨額債務の顕在化　74

8　"爆弾"が破裂 —— ウェスチングハウス社破綻　76

第5章　東芝 脆弱な財務基盤 —— 粉飾決算の一因か ……………… 81

1　東芝の財務の脆弱性　81

⑴　財務状況の推移　81

⑵　リスクの高い資産の保有　83

⑶　日立との差 歴然　84

⑷　佐々木則夫社長の財務改善は？　85

2　東芝に課せられた財務制限条項　86

3　財務制限条項と不正会計の関係　88

第6章　東芝 ガバナンスの崩壊

——"*Where have the executive gone ?*" ……………………… 91

1　東芝の業績　91

2　企業構造改革　95

⑴　日立の構造改革　96

⑵　東芝の構造改革　96

⑶　佐々木則夫社長の実績　98

3　海外原子力事業の失敗と取締役会の機能停止　100

⑴　志賀・ロデリック体制の「暴走」　100

(2) S&W買収に係る巨額損失の情報が社長に届かない　102

(3) 7,900億円超の「債務保証」の支払い　103

(4) 遅い決断 ── STPも1,582億円の損失　104

(5) 英国原子力プロジェクトからも撤退 ── 800億円超の損失か？
105

4　東芝ガバナンスの崩壊　106

(1) "経営者はどこに行ってしまったのか？"　106

(2) "ムラ化"した原子力事業　108

5　"アクティビスト"に翻弄される東芝　110

第7章　コーポレート・ガバナンス
── 企業の持続的な成長と発展のための仕組み ……………… 117

1　企業の社会的責任 ── 米国と国連における進展　117

2　社会的責任の視点 ──「社会に原点を置いて企業のあり方を
考える」　119

3　社会的責任としての「企業倫理」と経団連　120

4　コーポレート・ガバナンス論スタート ── 経済同友会
121

5　コーポレート・ガバナンス論の原点　122

(1) コーポレート・ガバナンスと4つの要素　123

(2) 経済同友会は輝いていた　129

6　コーポレートガバナンス・コード　130

7　用語が躍る ── SDGs, CSV, サステナビリティとは？
131

8　世界は動いている ── ESG投資の拡大　135

9　ステークホルダーの順序 ── なぜ「株主」が最初なのか？
137

10　結局,「いい会社」とは？　139

第8章　代表取締役社長 ── "美しい" 経営者とは ……………… 143

1　経営者の資質と資格　143

2　社長！　夢を熱く語ってください　146

3　社長！　"現場力" を強化してください　148

4　社長！　"心の資本" は企業価値創造の原点です　150

5　社長！　組織にだまされないでください　151

6　社長！　あなたは美しくあらねばなりません　152

第9章　社外取締役 ──「保険説」と「引導説」…………………… 155

1　社外取締役の導入の動き　155

2　社外取締役の「実態」　156

3　社外取締役の任務　158

4　社外取締役の資格と人数　161

5　「社長の期待の程度」と「その人次第」だ！　163

6　社外監査役　164

第10章　内部統制 ──「攻めのガバナンス」と「守りのガバナンス」…… 167

1　内部統制概史 ── こういう背景の理解が大切です　167

2　会社法の内部統制 ── え！　829億円もの損害賠償　170

3　金融商品取引法の内部統制 ── 西武鉄道追放！　171

4　現代内部統制 ──"キーワード" は「統制環境」　172

5　会社法と金融商品取引法の内部統制の違い　175

6　社長！　内部統制の整備と運用はあなたの責任です　175

7　コーポレート・ガバナンスと内部統制との関係　176

おわりに　179

◆**本書における文献引用などと記述スタイルについて**◆

1　文献の引用については原文の用字のまま収録し，読みにくいと思われる語句については振り仮名を付しました。

2　引用した原文の〔　〕内は，千代田による原文の修正または補足説明です。

3　■のゴシック体表記は，千代田の見解です。

第 1 章

東芝劇場「粉飾決算」

── 会計基準の弱点を突く慣行的な粉飾手法 ──

　2015年1月20日，東芝は，2014年度（2015年3月期）第3四半期決算説明会において，次のように報告した[(1)]。

　「売上高は4兆7,162億円（対前年同期比1,842億円増）」「営業利益は1,648億円（対前年同期比96億円増）」「電子デバイスは9カ月累計で営業利益1,777億円を達成，昨年度の過去最高益をさらに更新」「当社の主力分野であるエネルギー・ストレージ・ヘルスケアの3事業領域合計で，営業利益2,548億円を達成」「当期純利益は719億円で，対前年同期比332億円の大幅増益」

　このように，東芝が第3四半期決算発表で胸を張っていたころ，証券取引等監視委員会にある通報が寄せられた。

　「東芝劇場『粉飾決算』」の"幕開き"である。

1　事件当初の経緯

　2015年1月下旬，証券取引等監視委員会に東芝の会計問題に関する通報があった（おそらく東芝社員による内部告発であろう）。

　2月12日，証券取引等監視委員会は，東芝に対しインフラ関連の工事進行基準などについて報告命令を発し，同時に開示検査（有価証券報告書の虚偽記載などの開示規制違反に対する検査）を開始した。

　4月3日，東芝，「インフラ関連工事の会計処理で調査を必要とする事項が判明した」と文書で初めて公表。取締役会長である室町正志氏を委員長とする「特別調査委員会」（社外の弁護士・公認会計士も参加）を設置。

　その後の調査の過程で，インフラ関連の工事進行基準案件において工事原価総額が過少に見積られ工事損失が適時に計上されていないなどの事象や工事進行基準案件以外にもさらなる調査を必要とする事項が判明。

　5月8日，東芝は，2015年3月期業績を「未定」に修正，決算発表の延期，同期は「無配」，社外の弁護士及び公認会計士で構成する第三者委員会を設置すると発表。いずれも資料発表だけ。この日，株価はストップ安。2日後の10日には，3月末に500円を超えていた株価は403円となる。

　5月13日，東芝は，（社内の）特別調査委員会が国内外の工事進行基準に係る約250件を調査した結果，2014年3月期までの3年間で営業利益500億円強の影響が見込まれると発表。15日夜に記者会見とのこと〔■**当時の私は，「3年間で営業利益500億円強の影響」では，東芝規模の会社にしてはそれほど大きな問題にはならないだろう，と思っていた**〕。

　5月15日金曜日の深夜，田中久雄社長による東芝トップの初めての記者会見。田中社長は，営業損益の減額修正の必要が生じた案件は9件あり，その大半が国内案件だと説明，また，第三者委員会のメンバーを発表。

　6月12日，東芝は特別調査委員会の調査概要と新たな営業利益36億円のかさ上げをホームページで掲載。翌13日，各紙の見出し。「新たに36億円，家電など12件」「不適切会計全部門に」「不適切会計拡大，インフラ以外も」など〔■**証券取引等監視委員会の開示検査からちょうど4カ月，東芝の情報開示は遅い**〕。

　6月14日，この頃から各紙は，その後の第三者委員会調査報告書が指摘する不正会計の内容（工事進行基準案件に係る工事原価総額の過少見積りなど）やその原因（当期利益至上主義や経営首脳の対立など）を掲載。

　6月25日，東芝の定時株主総会，両国国技館で開催。過去最長の3時間16分。唯一の議案である現経営陣が当面残留する取締役選任を採択。

　7月4日，各紙，「2010年3月期から14年3月期にかけての営業利益の水増し額が1,500億円を超える」と伝える。

　7月10日〜16日，各紙，「工夫しろ」「なぜ，目標に到達しないんだ」「（損失や費用の）計上時期をずらすことを検討してくれないか」などの社長発言を紹介。元社長西田厚聰氏と前社長佐々木則夫氏の対立など，ガバナンス体制の欠陥も報じる。

　7月16日，東芝の株価は東京株式市場で一時361円20銭となり今年の最安値を更新，終値は369円30銭で，終値ベースでも今年の最安値。

　7月20日の21時，東芝，第三者委員会調査報告書の要約版を公表。

　7月21日，東芝，第三者委員会調査報告書の全文を公表。同日の17時から田中久雄社長と前田恵造取締役が約2時間にわたって会見。東京都港区の東芝本社39階のフロアーに400人もの記者や証券会社のアナリストなどが殺到した。

2　第三者委員会調査報告書

　7月21日に公表された第三者委員会調査報告書は，9章から構成され全299頁である。

(1)　委嘱事項・調査期間・委員会の構成など

　第三者委員会は，東芝から，①工事進行基準案件に係る会計処理，②映像事業における経費計上などに係る会計処理，③パソコン事業における部品取引などに係る会計処理，④半導体事業における在庫の評価に係る会計処理の4つの事項に関する調査・報告を委嘱された。

　■「委嘱」に関する問題点については，本書39頁を参照のこと。

　調査期間は2015年5月15日から同年7月20日までの約2カ月間，調査対象期間は2008年度から2014年度第3四半期までである。

　調査委員会は4名で構成され，弁護士2名，公認会計士2名，委員長は弁護士上田廣一氏（元東京高等検察庁検事長）。調査補助者は，弁護士18名，デロイトトーマツフィナンシャルアドバイザリー合同会社77名である。

　■弁護士は総勢20名。彼らが会計・監査問題を除き調査の骨子や報告書の作成などをリードしたことが読み取れる。デロイトトーマツフィナンシャルアドバイザリー合同会社（監査法人トーマツの関連会社）の77名は，主に不正会計処理の金額の算定や四半期決算への影響などを担当したものと思われる。

(2) 連結税引前当期純利益の修正額

本調査による会計年度別の連結税引前当期純利益の修正額（▲は過大表示額）は，**表1－1**のとおりである。

表1－1　会計年度別の連結税引前当期純利益の修正額

（単位：億円）

委嘱事項	2008 年度	2009 年度	2010 年度	2011 年度	2012 年度	2013 年度	2014 1－3Q	合　計
工事進行基準	▲　36	1	71	▲　79	▲　180	▲　245	▲　9	▲　477
部品取引	▲　193	▲　291	112	▲　161	▲　310	▲　3	255	▲　592
経費計上	▲　53	▲　78	▲　82	32	▲　1	30	64	▲　88
半導体在庫	－	▲　32	▲　16	▲　104	▲　368	165	▲　5	▲　360
合　計	▲　282	▲　400	84	▲　312	▲　858	▲　54	304	▲1,518

（注）　調査報告書20頁より作成

■累計修正額1,518億円の内訳は，委嘱項目別では「パソコン事業における部品取引」592億円，「工事進行基準案件」477億円，「半導体在庫の評価」360億円，「経費計上」88億円である。

年度別では修正額順で，2012年度858億円（佐々木則夫社長），2009年度400億円（佐々木社長），2011年度312億円（佐々木社長），2014年度第1～第3四半期304億円（田中久雄社長。主に部品取引に係る四半期末在庫の金額修正のため利益の過少表示となる），2008年度282億円（西田厚聰社長）と続く。結果として，佐々木社長時代4期計1,486億円が"ダントツ"，西田社長時代1期282億円，田中社長時代1.75期250億円である（各年度の税引前当期純利益の過大表示と過少表示の純額）。

なお，本報告書発表後，さらに，44億円，568億円，118億円，1,320億円（本書34，35，69頁），合計2,050億円の利益の過大表示が明らかとなり，連結税引前当期純利益の修正額合計は3,568億円（1,518億円＋2,050億円）となった。これは，調査期間6年と9カ月間の累計税引前当期純利益5,830億円の約61％に相当する。

⑶ 東芝の事業概要・カンパニー制度・ガバナンス体制

東芝は1904年に設立され，2015年は創業111年目，同年には以下の 6 部門に関する事業を行っていた（売上高は2015年 3 月期実績）。

① 　電力・社会インフラ部門（原子力・火力・水力発電，電力流通，計装制御，交通機器など）── 売上高 2 兆38億円

② 　電子デバイス部門（半導体，LSI〔大規模集積回路〕など）── 売上高 1 兆7,687億円

③ 　コミュニティ・ソリューション部門（放送，道路機器，上下水道，エレベーター，エスカレーター，照明器具など）── 売上高 1 兆4,106億円

④ 　ライフスタイル部門（テレビ，パソコン，冷蔵庫，洗濯機，エアコンなど）── 売上高 1 兆1,636億円

⑤ 　ヘルスケア部門（X線診断・CT・MRI・放射線治療装置など）── 売上高4,125億円

⑥ 　その他部門（ITソリューション，物流サービスなど）── 売上高5,290億円

6 部門の売上高合計は 6 兆6,557億円（ 6 部門に関連する売上高6,325億円控除後）である。■**まさに「総合電機メーカー」であるが，⑤ヘルスケア部門の売上高約4,000億円は意外に少ない。**

東芝は1999年から各事業部門を独立した会社に見立てて運営する「社内カンパニー制」を導入。カンパニー（ 7 社）は自主経営責任（損益責任）を負う事業組織と位置付けられ，一定の重要事項以外のカンパニーに係る業務執行事項は「カンパニー社長（CP）」に決定が委任される。

なお，以下に使用する"コーポレート"とは，グループ本社機能を有する組織を意味し，社長（P），事業部門担当執行役（社長の分身として，コーポレートの立場から，CPなどに対して必要な指示・統括を行い，分担事業部門につき社長に対して責任を負う。GCEOと略す），スタッフ部門担当執行役（財務部担当執行役（例えば，最高財務責任者，CFO）など），そして，コーポレートのスタッフ部門（財務部，経営監査部，リスクマネジメント部など）から構成される。

東芝は「指名委員会等設置会社」で，2015年 7 月時点における取締役会は16名，うち 8 名が執行役を兼務しない取締役，そのうち半数の 4 名が社外取締役である。指名委員会は社内 1 名・社外 2 名，報酬委員会は社内 2 名・社外 3 名，

監査委員会は社内 2 名（常勤）・社外 3 名の取締役で構成，指名委員会と報酬委員会の委員長は社外取締役である。

〔参考〕

　2015年 3 月期，東芝の連結財務諸表を構成する会社数は584社，グループの全従業員数は198,741人。親会社東芝の従業員数は35,278人，従業員の平均年間給与は8,447,408円（平均年齢43.1歳）。なお，同期のソニーの平均年間給与は，東芝と同じ43.2歳で8,598,826円，東芝を約15万円上回る。日立は41.0歳で8,612,460円，2 歳下であるが東芝を約17万円上回る。パナソニックは45.3歳で7,564,438円と 3 社を大きく下回る。

3　工事進行基準に係る会計処理

　工事進行基準に係る税引前当期純利益の修正額は合計477億円で，累計修正額1,518億円の31.4％を占める。

(1)　工事進行基準の会計処理

　まず，工事進行基準について説明しよう。同基準に基づき当期に計上される工事収益（売上高）は，以下の算式による。

$$当期の工事収益 = 工事収益総額 \times 工事進捗度$$

$$工事進捗度（\%） = \frac{当期に発生した工事原価}{見積工事原価総額}$$

　算式の「工事収益総額」は顧客と会社との間の契約金額であり，当然のことながら，この金額を会社が勝手に操作することはできない。「工事進捗度」は，主に，分子である「当期に発生した工事原価」が大きくなるか，または分母の「見積工事原価総額」が小さくなると高まる。結果として，「当期の工事収益」（売上高）は拡大する。当期に発生した工事原価は多くの場合裏付けとなる第三者との取引に係る証憑などが存在するのに対して，分母の見積工事原価

総額の算定は，将来事象に係るので担当者の主観的判断によるところが大きく，
また，上層部からのプレッシャーを受けやすい。結果として，見積工事原価
総額は操作されやすい。そして，工事進行基準を採用する会社は，資材の高騰
や労務費・経費などによるコスト増に対処するため，適宜，見積工事原価総額
を見直さなければならない。

(2) 「調査により判明した事実」の要約

　第三者委員会は，「2億円以上の工事損失（累計）が発生している案件また
は見積工事原価総額の過少見積りによる損益影響額が5億円以上と見込まれる
案件」を抽出し検討した結果，15案件に問題があるとした（調査報告書35頁
注10）。その15案件については，以下のように要約することができる。

① A案件 ── 地方自治体のシステム装置の製造に係る見積工事原価総額90
　億円をカンパニー社長の判断で71億円と決定したが，裏付けのないコスト
　削減である。受注時に工事損失が見込まれていたにもかかわらず工事損失
　引当金を計上せず，3年後に計上した。

② B案件 ── 国立研究開発法人のシステム装置の設計・製作に係る工事
　原価総額は34億円と見積られていたが21億円で受注。受注時から工事損失
　の発生が見込まれていたが，工事損失引当金を計上しなかった。

③ C案件 ── 発電所の付帯設備装置に係り見積工事原価総額43億円を11億
　円で受注。大幅な赤字案件であったが，工事損失引当金を過少に計上した。

④ D案件 ── 2011年に発電所の建設を納期2016年，契約金額189億円で
　受注したが，見積工事原価総額に含まれる外貨購入品などに係る工事原価
　を受注時の為替レート（受注時1ドル85円）を適用。2013年度末には為替
　レートの大幅な変動（1ドル101.9円）や工事費用の増加などにより見積
　工事原価総額が工事収益総額を超過していたにもかかわらず，見積工事
　原価総額の修正を行わず，工事損失引当金を計上しなかった。

⑤ E案件 ── 2007年2月に，発電所のボイラー・タービンなどの建設を
　納期2010年8月，契約金額545億円で受注。契約後，資材価格の高騰など
　によりコストが上昇したため，2007年12月には12億円の工事損失が見込
　まれていたが，以後も工事損失引当金を計上せず，工事完成時に69億円の

工事損失を計上した。

⑥　F案件 ─ 2006年3月に，発電所の発電機の建設工事を納期2009年10月，契約金額306億円で受注したが，契約後の追加コストの発生により工事原価総額が357億円と見積られ，工事損失の発生が見込まれていた。しかし，裏付けのないコスト削減策を織り込むなどにより工事損失引当金を計上せず，完成した年度に工事損失20億円を計上した。

⑦　G案件 ─ 連結子会社である米国の原子力関連企業ウェスチングハウス（WH）による発電所の建設に係る見積工事原価総額について，WHから2013年度第2四半期に385百万米ドル（損益への影響額▲276百万米ドル），第3四半期に401百万米ドル（損益への影響額▲332百万米ドル）の追加原価の報告があったが，東芝は，第2四半期連結決算において69百万米ドル（同▲50百万米ドル），第3四半期連結決算において293百万米ドル（同▲224百万米ドル）を織り込んで会計処理を行った。その結果，第2四半期226百万米ドル（276百万米ドル－50百万米ドル），第3四半期108百万米ドル（332百万米ドル－224百万米ドル）の利益の過大表示をもたらした。

　　第三者委員会は，東芝による見積工事原価総額の増加見積値の削減評価については十分な根拠がなく，WHによる報告値である385百万米ドルと401百万米ドルを織り込むべきであったと結論した。なお，G案件については，第4章（本書59頁）で検討する。

⑧　H案件 ─ 2013年9月，東京電力管内に設置されるスマートメーター（電力をデジタルで計測して通信機能も備えた電子式電力使用量計測器）用の通信システムの開発，スマートメーター（約2,700万台）の機器製造・設置・保守を，納期2024年，契約金額319億円で受注（当初の東芝の見積書の金額は530億円，相手側の希望予算315億円，結果として211億円という大幅な値引。本書97頁参照）。受注時点において，コスト削減策などを考慮したとしても80億円程度の工事損失の発生が予想されていたが工事損失引当金を計上せず，以降も同引当金を計上せず，第三者委員会調査対象期間末である2014年度第3四半期までに累計247億円もの利益の過大表示をもたらした。

⑨　I案件 ─ 2010年12月に，米国の地下鉄向け電装品を納期2013年～2015年7月，契約金額129百万米ドルで受注。工事原価総額は207百万米ドルと

見積られていたが，合理的な理由なく受注損失引当金を計上せず，2014年度第 3 四半期に受注損失引当金64億円を計上。2011年度～2014年度第 3 四半期までに累計167億円の利益の過大表示をもたらした。

⑩　 J 案件 ── 海外の電力会社向け発電所に係る工事を契約金額118億円で受注したが，コーポレートからの強い要求により，実現可能性について適切な検討を行うことなく見積工事原価総額を17億円削減した。また，工期を約半年残していた時点で原価注入率（実際に発生した工事原価の見積工事原価総額に対する比率）が100％と異常な状況になっていたにもかかわらず，見積工事原価総額の見直しを行わなかった。そのため，2008年度以降2014年第 3 四半期までに累計37億円の利益の過大表示をもたらした。

⑪　 K 案件 ── 2012年11月に，ETC（ノンストップ自動料金収受システム）更新工事を納期2016年 3 月，契約金額97億円で受注（この時点の見積工事原価総額は88億円）。その後，工事原価が継続的に増加したが，過少な工事損失引当金の計上により，2012年度▲156億円，2013年度▲179億円，2014年度第 3 四半期▲198億円の利益の過大表示をもたらした。

⑫　 L 案件 ── 追加工事を本体工事と区別して工事損失引当金を計上すべきところ，本体工事に含めて処理したことにより同引当金を未計上。損益への影響は10億円。営業担当者における会計知識の欠如が原因。

⑬　 M案件 ── 発電システムの設計を契約金額33億円で受注。受注時に少なくとも11億円程度の損失が発生することを認識していたが，工事損失引当金を計上しなかった。

⑭　 N 案件 ── 海外の発電設備の建設を契約金額20百万米ドル（20億円）で受注したが，工期の途中で工事損失が見込まれていたので，1 期早めて工事損失引当金 4 億円を計上すべきであった。

⑮　 O 案件 ── 発電設備の建設工事を契約金額141億円で受注したが，見積工事原価総額が過少に見積られていた。損益への影響額は，2014年度第 3 四半期▲12億円の利益の過大表示であった。その原因は，担当者が，コスト発生が確定しているもの以外は各四半期において処理しなくとも年度末で処理すればよいと考えていたこと。

　■上記15案件を要約すると，①受注時または受注後から損失可能性の高い
リスクを認識しつつも，合理的な理由なく工事損失引当金を計上せず，または
時期を遅らせて計上していた，②契約後の追加費用を含めない見積工事原価
総額や裏付けのないコスト削減策を前提として控除した見積工事原価総額に
基づいて工事進捗度を意図的に高めていたことにより，利益の過大計上をもた
らした，というケースがほとんどであった。

(3) 不適切な会計処理の発生原因

　第三者委員会は，15案件に共通する不適切な会計処理の原因を，以下のよう
に指摘する。

(1) カンパニーにおいては，カンパニー社長（CP）の承認がない限り，工事
　損失引当金の計上及びその必要性を裏付ける見積工事原価総額の変更もでき
　ないとされていた。そしてCPは，工事損失引当金の計上については，損失
　が確実に発生することが明らかになって初めて計上すべきであり，コスト
　削減などにより損失を軽減する余地が残されているので計上すべきではない
　との姿勢を従前から明らかにしてきた。

(2) カンパニーの関係部署の責任者は，CPの上記(1)の見解により，CPから
　強い反対を受けるであろうことが当然に予想されていたため，工事損失が
　発生している案件に係る処理手続を回避しようとする意識が働いていた。

(3) CPは配下の部門・部署・スタッフに予算目標必達のプレッシャーをかけ
　ていた。

(4) CPがこのような方針を遂行せざる得ない背景には，コーポレート側の
　社長，事業グループ担当執行役（GCEO，本書5頁），最高財務責任者（CFO）
　などからの強いプレッシャーがあった〔■調査報告書を吟味すると，特にG，
　H，J案件がこれに該当する〕。

(5) カンパニーの「経理部」，コーポレートの「経営監査部」や「財務部」な
　どが，内部統制上果たすべき役割を果たしていなかった。

(6) ほとんどの案件において，東芝の監査委員会と新日本監査法人は，適切な
　指導・監査を行っていなかった。

　■このように，工事進行基準に関する不正会計はカンパニーを中心に実行

されたが，受注金額が大きな案件についてはコーポレートも関与している。まさに，「全社的ガバナンスの欠如」である。そして，(6)の「新日本監査法人は適切な指導・監査を行っていなかった」は，明らかに監査の失敗を指摘しているのである（第３章46頁を参照のこと）。

4　映像事業における経費計上などに係る会計処理

映像事業における経費計上などに係る会計処理の税引前当期純利益の修正額は合計88億円で，累計修正額1,518億円の約６％に相当する。

東芝の映像事業（テレビの製造・販売）の業績は，**表１－２**のように推移した。

表１－２　映像事業の業績推移

（単位：億円）

年　度	2008	2009	2010	2011	2012	2013	2014
売上高	5,330	5,301	6,155	4,627	3,006	2,692	2,165
営業利益	13	32	32	▲535	▲481	▲261	▲354

（注）　2008年度は西田社長，2009〜12年度は佐々木社長，2013〜14年度は田中社長。調査報告書187
頁より作成

このように，2011年度以降，売上高は大幅にダウン，営業損失も拡大していた。特に2011年度は地上波デジタルへの移行による買換需要終了後の反動により国内市場規模は急速に縮小，営業損益は▲535億円という大幅な赤字。2012年度以降も▲481億円，▲261億円，▲354億円と巨額な営業赤字を続けた。この間，国内人員の削減，分社化，製造拠点工場の閉鎖や売却，海外販売拠点統廃合などを余儀なくされるほど，映像事業は苦境に陥っていた。

(1)　問題となる会計処理

映像事業部門においては，目標利益を達成するために，"C/O"（キャリーオーバー）と称する以下のようなさまざまな損益調整を行っていた。

①　欧州や中国，米国の販売会社による販売促進費やリベートなどの未計上

② 支払先に請求書の発行を翌期とさせることなどによる経費の繰延べ

③ 東芝から海外現地法人へ販売する製品に関して，四半期末に意図的に価格をアップさせて販売することにより東芝単体において売上高が増加され，また，連結ベースでも海外現地法人の在庫増に伴う製品価格アップ分の利益（未実現利益）について全部または一部を消去せず過大に計上

④ 部品またはテレビ製品のパネルメーカーなどの仕入先に対して"CR"（コストリダクション。翌期以降の調達価格を増額することを前提に当期の購入価格の値下げを要求すること）の交渉をしていたため，当期に合意が成立したとしても，翌期以降のコストアップが相当程度見込まれる以上，実質的なコストリダクションとなっていないにもかかわらず当期に仕入値引の会計処理を行っていた〔■**西田厚聰社長の発言に注意。本書23頁**〕。

映像事業部門は，海外現地法人などと相談の上，C/Oの各手法の特徴や地域性を勘案しつつ，上記①〜③のアイテムをどの程度の金額で実施していくかを選別し，カンパニーなどの月例会議においてカンパニー社長の了解のもとに実行していた〔■**まさに，カンパニーぐるみの不正である。それにしても，②は「稚拙」な粉飾手法である**〕。

その結果，C/O残高は**表1−3**のように推移した（▲は利益の過大表示額）。

表1−3 C/O残高と損益影響額の推移

（単位：億円）

年　度	2008	2009	2010	2011	2012	2013	2014
C/O残高合計	53	131	196	81	118	105	58
損益影響額	▲53	▲78	▲53	115	▲37	13	47

（注） 2014年度は第3四半期まで。調査報告書185頁

(2) コーポレートからのチャレンジ必達のプレッシャーの過酷化

表1−2で見たように，映像事業は2011年度から巨額な営業損失が続いていたため，「社長月例」などの会議において，コーポレートから予算上求められた損益や期中での損益改善要求（これらは東芝においては"チャレンジ"と呼称されていた）の達成が強く求められていた。なお，2011年4月1日，映像事業

とパソコン事業の両事業を扱う「デジタルプロダクト&サービス社」（DS社）
が発足した。

① 2012年9月（2012年度）の社長月例における佐々木則夫社長の発言。
「〔DS社の〕売上高で9月10日の提出値＋92億円の施策説明ではまったく
意味がない。改善チャレンジへの回答になっていない。今回の改善チャレ
ンジは，未達カンパニーがあると全社で予算未達になる。それなのに，
自分達の提出値を守りますというだけ。まったくダメ。やり直し」

② 2013年8月（2013年度），田中久雄社長は，深串方彦GCEO，DS社の
徳光重則CP，映像事業部長A氏らに対し，次のように言う。「偏に予想外
のPC・TV・家電の損益悪化が原因です。第2四半期損益が第1四半期と
同じ状況なら，弊職としては従来からの見解を変えてPC・TV・家電事業
の日本を含む全世界からの完全撤退を考えざるを得ません，これは決して
脅かしではありません」

　　翌9月，田中社長は，GCEO，CPに対して「テレビ事業の下期黒字化
は弊職が公に宣言しているいわば公約です。<u>ありとあらゆる手段を使って
黒字化をやり遂げなければなりません</u>（下線著者）」と命じる〔■**下線
部分の発言は強烈である**〕。

③ 2014年3月（2013年度）の社長月例における田中社長の発言。「TVは
何だ，この体たらく。まだ▲20億円リスクがあります，＋19億円はチャレ
ンジ受けているけれど見込めません，それでは最悪▲85億円ではないか。
そうなったらTV事業をやめる。下期黒字にすると市場に約束している。
黒字にできないならやめる。映像の損益は▲65億円から＋19億円を最低
やること」

④ 2014年6月（2014年度），田中社長は，TLSC社長（後述）を叱責する。
　「映像は一体何をやっているのでしょうか？　〔2014年度〕第1四半期で
▲53億円など到底認めるわけにはいきません。年間▲200億円を超すよう
な事業は全面撤退しかありません。何年我慢すればいいのでしょうか？
現地法人の連中は全員解雇して全面撤退しかないでしょう。本質的な改善
はまったくできていないということですね？　先日の事業課題点検会議で
映像事業部長C氏は米国の撤退だけでも抵抗したのを覚えていますよ

ね？　いい加減にしてもらいたい」

■①の佐々木社長と②③④の田中社長の発言は，見方によっては下り坂にあるテレビ事業への「叱咤激励」ともとれる。また，上記のような社長発言と経費操作との直接的関連は見られない。しかし，現場としては，要求された目標利益達成に対して打つ手がなく，「長年の慣行」を実行せざるを得なかったのであろう。

　2014年4月，映像事業の再編として「東芝ライフスタイル株式会社」（TLSC）が発足し，多額のC/O残高（105億円）を引き継いだ（調査報告書185頁）。しかし，TLSCがC/O残高を継続することは税務対策上リスクのあることや2015年度に予定されている海外映像事業の撤退により事実上C/Oのアイテムの多くが実行困難となることなどの事情により，2014年度中にすべてのC/Oを解消することとなった。その結果，2014年度末（2015年3月期）時点でC/O残高はゼロとなった。

(3)　不適切な会計処理の発生原因

　このようなC/Oによる見かけ上の利益のかさ上げがCPらの事実上の承認の下で，多くの担当者や関係者によって継続されてきたことの一番の原因について，第三者委員会は，「コーポレートトップの過度のチャレンジ達成要求にあるものと思料される」と言う（調査報告書195頁）。

　そして，第三者委員会は，「社長らのコーポレートトップが，不適切なC/Oを指示したり，自らその実行に関与したといった形跡は見当たらなかった」が，「佐々木社長と田中社長は，カンパニーによる見かけ上の利益のかさ上げのためにC/Oが実施されていることについて認識しつつも，これを是正するための促しや指示等を行わなかった」として，コーポレートトップらによる当期利益至上主義に基づく不作為を指摘した（調査報告書196-197頁）。

　さらに，「映像カンパニーの経理部による内部統制機能やコーポレートにおける財務部と経営監査部の内部統制機能が不備であったことも，不適切な会計処理が発生した一因である」と述べ，「監査委員会が不適切なC/Oに関して何らかの報告や指導等を行った形跡は見当たらなかった」とも指摘した

（調査報告書198－202頁）。

　また，「会計監査人による監査」については，以下のように言う（調査報告書202頁）。

　「会計監査人による監査においては，月次損益分析，会社別・勘定科目別の期別比較，期間帰属の適切性を検証することを目的としたサンプルチェック，これらを踏まえた妥当性検証等の監査が行われたが，C/Oを示唆する回答は見受けられなかった。また，過去の監査の過程において，C/O管理表や映像カンパニー等に公表値と実力値という概念が存在することを示唆する資料にも接しておらず，映像事業についてC/Oが実施されていたことを検出できなかった。

　これは，映像カンパニー等が会計監査に対して，C/Oの実施を窺わせる資料ないし情報を開示せず，また，C/Oを実施していることが会計監査人に判明しないよう説明内容を工夫していたことによるものと思料される」（調査報告書202頁）〔■およそ，**被監査会社は不利な資料については自ら提示しない。監査チームの現場責任者は，経験の浅い若手公認会計士や会計士補に対しどのような指示・指導をしていたのだろうか？**〕

注 ─────────────

⑴　東芝代表執行役専務前田恵造「2014年度第3四半期決算（9ヶ月累計）」，2015年1月29日，3頁

第 2 章

東芝劇場「粉飾決算」（続）
── 経営者の猛烈なプレッシャーと高度かつ巧妙な粉飾手法 ──

　「東芝劇場『粉飾決算』」は，"クライマックス"。主役３社長が登場し，カンパニー経営陣に猛烈なプレッシャーをかける。カンパニーは，致し方なく高度かつ巧妙な粉飾手法で応じる。関係者の当初の罪悪感は薄れ，不正が蔓延る。

1　パソコン事業における部品取引などに係る会計処理

　パソコン事業における部品取引などに係る会計処理の税引前当期純利益の修正額は合計592億円で，累計修正額1,518億円の約39％を占め第１位である。

(1)　パソコン事業の推移
　東芝のパソコン事業（PC事業）の業績の推移は，**表２－１**のとおりである。

表２－１　パソコン事業の業績の推移

（単位：億円）

年 度	2004	2005	2006	2007	2008	2009	2010	2011	2012	2013
売上高	7,679	8,527	9,718	10,404	9,553	8,881	9,160	8,229	7,051	7,339
営業利益	82	34	69	412	145	▲99	73	114	82	▲199

（注）　調査報告書208頁

　PC事業は2001年度から業績不振に陥り，営業損益は，同年度▲329億円，2002年度▲71億円，2003年度▲328億円の赤字であった。
　そこで，東芝は，2004年１月，PC事業を再編，新たに社内カンパニー「PC&ネットワーク社」（PC社）を設立，西田厚聰氏（取締役執行役専務，当時）が

社長（CP）に就任，西田社長は資材調達分野のリーダーとして田中久雄氏（PC社生産統括センター資材調達部長，当時）を任命した。そして，西田・田中のコンビは，2004年9月から台湾のODM（Original Design Manufacturing）先に"バイセル取引"（Buy-Sell取引，本書19頁）を開始したのである。

　表2－1で見るように，再編後，売上高は順調に伸び，2007年度には1兆404億円，（営業利益412億円）という過去最高を記録した。ところが，その後売上高は右肩下がり，2013年度の7,339億円は9年前の2004年度の売上高7,679億円も下回ったのである。

(2) 部品取引と完成品取引に係る会計処理

　PC事業においては，台湾のODM先にPCの設計・開発・製造を委託している。ODM先に供給するPCの主要部品（液晶パネル，ハードディスク装置，メモリなど）については，東芝がまとめて各部品ベンダーと価格交渉を行った上で購入価格を決定，通常は100％子会社の「東芝国際調達台湾社」（TTIP）が部品を購入し，ODM先に対して有償支給している（以下，「部品取引」という）。

　その部品取引において，競合他社とODM取引を行っている各ODM先に東芝の主要部品の調達価格が明らかになり競合他社に漏洩することを防止するために，TTIPはODM先に部品を有償支給する際，部品ベンダーからの購入価格よりも高い価格（これを「マスキング価格」という）で供給している。この時点におけるTTIPの会計処理は，マスキング価格と購入価格の差額（「マスキング値差」という）についてはODM先に対する債権（未収入金），そして東芝に対する債務（未払金）とする（利益認識はしていない）。

　このTTIPの会計処理に対して，東芝は，将来TTIPからパソコンの納品があった時点で購入価格からマスキング値差分が控除されるように，マスキング値差と同額を製造原価の減少として処理する（簿記上「貸方」に計上）。この会計処理により，東芝ではマスキング値差分の利益が計上される〔■本来，この時点では当該部品取引に係る「製造原価」は発生しないのだが，「製造原価の減少」を計上することによって，マスキング値差分の利益を生み出しているのである。これは，きわめて高度かつ巧妙な粉飾手法である〕。

完成品取引について。ODM先は，TTIPよりマスキング価格で購入した部品を使用してPCを製造，完成したPCに一定の利益を加算した価格でTTIPに販売する。

TTIPは，購入したPCに一定の販売手数料（収益）を加えた価格で東芝に販売する。

東芝はTTIPよりPC完成品を購入した段階で，これまでに発生したすべての費用を製造原価として処理する（簿記上「借方」に計上）。この処理により，部品取引時の製造原価の減少分は相殺され（製造原価の借方と貸方の相殺），両者の差額である残高（借方に残る）がPC1台の製造原価となる。

この部品取引及び完成品取引を「Buy-Sell取引」という。

(3)　具体例

具体的に示そう。**表2−2，表2−3，表2−4**も参照されたい。

部品取引について。TTIPが20,000円で購入した部品（在庫の増加20,000円と買掛金の増加20,000円，**表2−2①**）を100,000円（マスキング価格）でODMに供給したとしよう。そこで，TTIPは，ODM先に対する債権を未収入金100,000円，在庫の減少20,000円と東芝に対する債務（マスキング値差）を未払金80,000円として処理する（同②）。TTIPは利益を認識しない。

この取引の連絡を受けた東芝は，TTIPに対する債権（未収入金）80,000円と同額を製造原価の減少として処理する（同③）。結果として，東芝には80,000円の利益が計上される。

連結上は，TTIPと東芝との取引，つまり，上の②の未払金80,000円と③の未収入金80,000円は相殺される（同④）。この段階においては，ODM先に対する未収入金100,000円，ベンダーへの買掛金20,000円，製造原価の減少80,000円が残る。

完成品取引について。ODM先はTTIPより購入した部品（100,000円）を使用してPCを製造，完成したPCに一定の利益（例えば30,000円）を加算してTTIPに販売する（販売価格130,000円）。

TTIPは，完成したPCを購入した段階で，在庫の増加130,000円とODM先に対する債務130,000円を未払金として計上する（**表2−3⑤**）。TTIPには部品取

引時のODMに対する未収入金100,000円（**表2－2**②）との差額である未払金30,000円が残る（未払金130,000円－未収入金100,000円）。そして，TTIPは，購入したPCに一定の販売手数料（例えば10,000円）を加算して，価格140,000円（100,000円＋30,000円＋10,000円）で東芝に販売する。TTIPは，東芝に対する債権140,000円を未収入金として，また，在庫の減少130,000円と受取手数料10,000円を計上する（同⑥）。

　東芝は，TTIPよりPCを購入した段階で仕入処理を行い，在庫の増加140,000円とTTIPに対する未払金140,000円を計上（同⑦），同時に，製造原価140,000円の発生と在庫の減少140,000円を計上する（同⑧）。この処理により，部品取引時に計上していた③の製造原価80,000円は自動的に相殺され，残額60,000円が製造原価（借方140,000円－貸方80,000円）となる。

　完成品取引においても，連結上は，TTIPと東芝との取引，つまり，⑦の未払金140,000円と⑥の未収入金140,000円は相殺される（同⑨）。

　以上の会計処理を集約すると，**表2－4**が示すように，借方：製造原価60,000円，貸方：買掛金20,000円，未払金30,000円，受取手数料10,000円となり，PCの製造原価60,000円と受取手数料10,000円が連結損益計算書に，買掛金20,000円と未払金30,000円が連結貸借対照表に計上される。

表2－2　各社の部品取引

（単位：円）

会社名	摘　要	借方	金額	貸方	金額
TTIP	①ベンダーからの購入	在庫	20,000	買掛金	20,000
	②ODMへの供給と東芝に対する債務の認識	未収入金（ODM）	100,000	在庫 未払金（東芝）	20,000 80,000
東芝	③TTIPへの債権認識と製造原価の減少	未収入金（TTIP）	80,000	製造原価	80,000
東芝（連結）	④連結会社間取引の消去	未払金（東芝）	80,000	未収入金（TTIP）	80,000

表2－3　各社の完成品取引

(単位：円)

会社名	摘　要	借方	金額	貸方	金額
TTIP	⑤ODMからの購入	在庫	130,000	未払金 (ODM)	130,000
	⑥東芝への供給	未収入金 (東芝)	140,000	在庫 受取手数料	130,000 10,000
東芝	⑦TTIPからの購入	在庫	140,000	未払金 (TTIP)	140,000
	⑧製造原価の発生	製造原価	140,000	在庫	140,000
東芝 (連結)	⑨連結会社間取引の消去	未払金 (TTIP)	140,000	未収入金 (東芝)	140,000

表2－4　東芝の連結財務諸表

(単位：円)

会社名	摘　要	借方	金額	貸方	金額
東芝 (連結)	⑩連結財務諸表の表示	製造原価	60,000	買掛金 未払金 受取手数料	20,000 30,000 10,000

(4)　第三者委員会の見解

　第三者委員会は，次のように言う（調査報告書214頁）。

　「部品取引は将来の完成品取引を前提としたものであって（部品取引と完成品取引は実質的に一連の取引），TTIPがODM先に供給した部品は加工の上完成品という形で東芝が買い戻していると考えられることから，部品取引は実質的には買戻条件付取引といえる。よって，部品供給時点では，収益認識要件の1つである『財貨の移転の完了』を実質的に満たしておらず，部品取引時に利益の計上を行うことは当該一連の取引実態を適切に表していない。したがって，各決算期〔四半期〕においては，部品取引後，完成品取引が完了していない部品及び完成品，すなわちODM在庫については，部品取引時に認識した利益相当額（当該マスキング値差に係る製造原価のマイナス額）〔例示では80,000円〕を取り消す必要がある」

　■正論である。

⑸　マスキング倍率の「操作」

ところで，マスキング倍率は，**表２−５**のように推移した。

表２−５　マスキング倍率の推移

	西田社長	佐々木社長				田中社長
年　度	2008	2009	2010	2011	2012	2013
マスキング倍率	2.0倍	2.2倍	3.6倍	4.2倍	5.2倍	5.2倍

（注）　調査報告書212頁より作成

　■調査報告書は「マスキング倍率とは，東芝の標準モデルにおけるマスキング対象部品について，マスキング値差をベンダーからの調達価格で除した倍率」と言う。すると，調達価格20,000円の部品を100,000円で有償支給すると，マスキング倍率は４倍〔（100,000円−20,000円）÷20,000円〕となる。佐々木則夫社長時代の５倍強とは，調達価格20,000円の部品を120,000円で有償支給し100,000円の利益をかさ上げをしたことになる。

　上述のように，部品供給時点で利益を計上する「仕組み」によって，東芝は，TTIPからODM先に供給されるマスキング倍率を拡大し，しかも，ODM先への部品を必要以上に供給し在庫として保有させることによって，多額の見かけ上の当期利益をかさ上げしていたのである。

⑹　３社長時代

　そこで，パソコン事業に関わる不正取引を３社長時代に区分して追ってみよう。長くなってしまいましたが，興味津々です。

①　西田厚聰社長時代（2005年６月〜2009年６月）：不正会計の開始

　表２−１で見たように，PC事業は2007年度に最高を記録したが，2008年４月には53億円の営業損失（対予算▲63億円）に陥った。

　当時は折からのサブプライムローン問題の影響を受け世界的景気減退の中にあり（本書87頁），東芝も全社的に業績悪化懸念が増大していた。５月28日に開催された社長月例において，PC社下光秀二郎社長が2008年度第１四半期の営業利益の見込みを52億円と報告したところ，西田厚聰社長は，「全社非常

事態である。PC社は第 1 四半期で最低でもさらに30億円を改善して欲しい。上期（4月～9月）の営業利益は200億円を是非達成して欲しい。調達CRはもっと出るだろう」と述べ，第 1 四半期の営業利益について，提出値である52億円に30億円をプラスした82億円を達成するようチャレンジを求めた〔■ **"CR"（コストリダクション）とは，仕入先に対して翌期以降の調達価格を増額することを前提に，当期の購入価格の値下げを要求することであるが**（本書12頁），**「調達CRはもっと出るだろう」は，経験者でないと言えない発言である**〕。

これを受けて，下光CPは，6月の社長月例において，CRの前倒し対策を含め営業利益見込みを66億円と報告した。しかし，西田社長は満足せず「66億円に22億円を加えた88億円のチャレンジを」と，さらなる利益改善を強く求めた。

そこで，PC社は，6月に営業利益102億円を計上，第 1 四半期の営業利益は90億円となり，西田社長のチャレンジを達成した。なお，このチャレンジ達成がBuy-Sell取引を用いたODM部品の押し込みによるものかは判明しなかった，と第三者委員会は言う。

7月22日開催の四半期報告会において，PC社は，2008年度上期の損益見込みが206億円の営業損失と認識していた〔■**上で指摘したように，5月28日の社長月例において，西田社長は，上期の営業利益について200億円を是非達成して欲しいと要求していた。そこには406億円もの大きな乖離がある**〕。しかし，PC社は，改善チャレンジ354億円を織り込み，2008年度上期の営業利益は148億円を見込んでいると報告した。ところが，西田社長は，この提出値に対し，「営業利益＋50億円」〔計198億円〕のチャレンジをお願いしたいと述べた〔■**改善チャレンジ354億円という"異常値"に基づく営業利益148億円にさらに50億円のアップを要求したのである**〕。

サブプライムローン問題が深刻化し東芝の全社損益も悪化する中で，PC社においては，8月度に至ってもチャレンジ達成の目処が立たず，8月25日開催の社長月例において，2008年度上期の損益見込みについては営業利益148億円と 7 月の見込値を維持し提出した。ところが，西田社長は，「営業利益148億円プラス50億円は"must"，何としてもやり遂げて欲しい」と強力に求めた。

このような状況の下，PC社の下光CPは173億円の"CRの前倒し"を実施，これにより173億円の利益が捻出され，2008年度上期の営業利益は237億円と

なり，西田社長のチャレンジ値198億円を達成した〔■下光社長を含むPC社の関係社員すべてが，「どうにでもなれ」という気持ちであったろう〕。

調査報告書は言う（同221頁）。「この『CRの前倒し』の一部として，チャレンジを達成するために用いられた手法が，すでに指摘したような『部品のODM先への押し込みによる見かけ上の利益のかさ上げ』であり，その後も継続して行われることとなった」

補足しよう。

各四半期末に実施されたODM先への部品の供給による利益のかさ上げ額（マスキング値差。本書18頁）を東芝関係者は「借金」と呼んでいた。通常は，翌月か翌々月に完成品として東芝が購入することにより製造原価が発生，部品取引時に認識した利益（製造原価の減少）は相殺される（表2－3⑧と表2－2③）。したがって，その間に新たなODM部品の押し込みを行わなければ，マスキング値差たる借金はゼロとなる。

しかし，翌四半期にも損益の悪化が継続する場合には，さらに同期末月に必要数量を超えたODM部品の押し込みを実施することによって，当該四半期の損益の悪化を回避しようとするのである。チャレンジ値を達成するためには，マスキング値差を生み出すBuy-Sell取引を止めることができず，借金も減らない。むしろ，チャレンジ値が大きくなるほど，ODM部品の押し込み数量も増大し，かつ，マスキング倍率を高めることによって借金も増えるのである。

上記の2008年9月にODM部品の押し込みが実施された結果，9月末時点におけるODMが保有する東芝供給に係る未使用部品（正常な部品取引によるものも含む）の数量にそれぞれのマスキング値差を乗じた金額の累計額（以下，各四半期末時点の同金額の累計額を「Buy-Sell利益計上残高」という）は，推計143億円に上った。このBuy-Sell利益計上残高の多くは，ODM部品の押し込みによるものと推認される（調査報告書221頁）。

■なお，「Buy-Sell利益計上残高」という用語は，以下何度も登場します。マークしてください。

10月27日開催の社長月例において，PC社が2008年度第3四半期の営業利益

▲140億円（見込値）を提出したのに対して，西田社長は「予算（営業利益101億円）を達成して欲しい」と発言，村岡富美雄副社長も「FY3Q（第3四半期）の赤字は何としても回避して欲しい」と述べ，損益改善を強く求めた〔■**2008年度から東芝の金融機関との債務契約においては，「財務制限条項」が課された。財務担当の村岡氏はこれに係わった。村岡氏の発言は，財務制限条項への抵触を回避する狙いもあったのだろう。第5章で検討する**〕。

　翌月の11月25日の社長月例において，PC社の下光CPは，第3四半期の営業利益の見込みが▲184億円まで悪化したことを報告した。西田社長は「いくら為替が悪いと言っても話にならない。とにかく半導体が悪いのだから，〔PC社でもって〕予算を達成して欲しい」などと述べた。

　12月22日の12月度社長月例においても，損益見込みは改善せず，下光CPは第3四半期の営業利益の見込みは前月同様▲184億円と報告。これに対し，西田社長は，「こんな数字は恥ずかしくて，公表できない」などと発言した。

　このような状況の中，PC社は，第3四半期においてもODM部品の押し込みを実施，これにより，12月単月で207億円の営業利益を計上，第3四半期の営業利益は5億円（黒字）と，劇的に改善した。この結果，Buy-Sell利益計上残高は，推計188億円（前四半期末比45億円増）となった〔■**調査報告書は「劇的に改善した」と言う（同223頁）。しかし，第3四半期の営業利益の見込み▲184億円と報告・開示された営業利益5億円との差189億円は粉飾されたものである**〕。

　2009年1月23日開催の第4四半期報告会においても，2008年度下期の営業損益の見込みが（11月度・12月度の社長月例と同様）▲184億円と報告されたのに対し，西田社長は，「営業利益100億円がミニマム。死に物狂いでやってくれ」，「今は事業を持つべきかどうかというレベルになっている。それでいいなら100億円やらなくていい。ただし，売却になる。事業を死守したいなら，最低100億円やること」などと述べ，さらなる営業利益の積み上げを求めた。

　翌2月23日の社長月例において，PC社が2008年度下期の営業損益の見込みが▲237億円とさらに悪化した旨報告したことに対し，西田社長は，営業利益+160億円のチャレンジをし〔■**両者の差はなんと397億円**〕，また，「PC事業

で最低でも年間100億円，３桁の利益を出せ。ＰＣ事業は年間営業利益３桁を
死守せよ」と強く求めた。

　このような強烈なプレッシャーの下で，ＰＣ社は，ＯＤＭ部品の押し込みを
実施，2008年度下期の営業損益は▲92億円と劇的に改善した〔■調査報告書は，
ここでも「劇的に改善した」という（同223頁）。その結果，表２−１で見る
ように，ＰＣ事業の2008年度は営業利益145億円（上期237億円（本書23頁），
下期▲92億円）を計上した〕。

　2009年度第１四半期にもＯＤＭ部品の押し込みが実施され，同期末における
Buy-Sell利益計上残高は推計273億円となり，営業利益48億円を計上した
（調査報告書224頁）。

　**■現場が状況を反映する厳しい数字（大赤字）を提出しているのに，西田
社長は承知の上で高い利益目標の達成を強要する。現場は虚しさを覚えつつも
罪悪感は徐々に薄れ，不正会計にも慣れ粉飾が常態化する。**

　②　佐々木則夫社長時代（2009年６月〜2013年６月）：不正会計の拡大
　2009年６月24日，西田氏が社長を退任し会長に，佐々木則夫氏が東芝社長に
就任した。

　ＰＣ社社長に就任した深串方彦氏は，いったんＯＤＭ部品の押し込みを実施し
ないことを前提として，同社の2009年度第２四半期の営業損失の見込額を
557億円としたい旨を田中久雄専務に説明した〔■557億円とはあまりに巨額
であるが，これが実態であった〕。しかし，田中専務はこの数字の「インパク
トが大きすぎる」とし，ＯＤＭ部品の押し込みを295億円相当実施することに
した。しかし，業績の悪化もあり，第２四半期には325億円のＯＤＭ部品の押し
込みが行われ，同四半期の営業利益は▲12億円となった（調査報告書225頁）。

　12月９日，佐々木社長は田中専務に対して，「ＰＣ損益を改善せよ。借金返済
はやって欲しいが，全社の状況から借金は必要悪である（「借金」については本
書24頁）。３Ｑ（2009年度第３四半期）はやむを得ない。何とか改善してもらい
たい。できれば150億円程度やれないか」と述べた〔**■社長の「借金は必要悪
である」という発言はきわめて重い**〕。

　調査報告書は「佐々木則夫社長は，基本的には〔ＯＤＭ部品の押し込みによる〕

利益のかさ上げは減少させるべきだと考えていた」と指摘するが（調査報告書225頁），社長就任初年度の2009年度においては，Buy-Sell利益計上残高は，第2四半期の325億円から第4四半期の412億円へと拡大した。にもかかわらず，PC事業の2009年度の営業損益は▲99億円の赤字であった（表2−1）。

2010年度は，業績の回復を背景に（本書99頁参照），Buy-Sell利益計上残高は，第2四半期387億円，第3四半期299億円，第4四半期には289億円にまで減少，PC事業の2010年度の営業損益も73億円の黒字を計上した（表2−1）。

2011年4月1日，PC事業と映像事業（テレビの製造・販売）が合流し，両事業を所管する「デジタルプロダクツ&サービス社」（DS社）が発足した。

そこで，説明の都合上，まず，DS社の営業損益（PC事業と映像事業の合計値）の推移を示しておこう（表2−6）。

表2−6　DS社の営業損益の推移

（単価：億円）

年 度	2011	2012	2013	2014
営業損益	▲446	▲418	▲469	▲458

（注）　2014年度は第3四半期まで。調査報告書227，230−232頁より作成

DS社の「映像事業」は，テレビの極度の販売不振により，2011年度上期で▲137億円，下期で▲398億円の営業損失（合計▲535億円。表1−2，本書11頁）を計上し，事業の存続が危ぶまれる状態にまで陥っていた。

このような状況の中，DS社は，PC事業はもとより映像事業を含めた損益の改善を迫られていたので，これまでどおりPC事業に係るODM部品の押し込み販売による見かけ上の利益のかさ上げの実施を継続，Buy-Sell利益計上残高は，2011年度第1四半期349億円から第4四半期461億円と，右肩下がりにあった2010年度第4四半期の289億円からまたまた拡大していった。その結果，PC事業は営業利益114億円を確保したが（表2−1，本書17頁），DS社の営業損益は表2−6で見るように▲446億円もの赤字であった〔**■映像事業の営業損失▲535億円とPC事業の営業利益114億円の合計▲421億円は，表2−6の▲446億円と25億円の差異が見られるが，原因は不明である**〕。

　2012年9月10日時点で，DS社は，上期（2012年4月〜同9月）の営業損益の見込み（PC事業＋映像事業）を▲149億円と報告していた。ところが，同月20日の9月度社長月例では，上期の営業損益の見込みが▲201億円と大幅に悪化する中，DS社の深串方彦CP（2012年6月就任）は80億円の改善にチャレンジすると述べた〔結果として，上期の営業損益の見込みは▲121億円（▲201億円－80億円）〕。しかし，佐々木社長は，上期の営業損益を▲89億円とすることのチャレンジを求めていたので，それに達していないことなどから，「まったくダメ。やり直し」と発言した。

　これを受けて，1週間後の9月27日に再度社長月例が開催された。DS社は，上期の営業損益の見込みが▲248億円とさらに悪化することを報告した。これに対して佐々木社長は，第2四半期末の9月30日までの残り3日間で120億円の営業利益の改善を強く求めるとともに，検討結果を翌日の9月28日に報告するよう求めた〔■この"3日で120億円"がその後のメディアで大きな反響を呼んだのである。それにしても，DS社の上期の営業損益（見込み）は，9月10日時点では▲149億円，20日時点では▲201億円，27日時点では▲248億円と，2週間余で約100億円も拡大，きわめて厳しい状況にあった〕。

　そこで，深串CPら関係者は，9月27日夕方以降，緊急にとり得る損益対策を検討。翌日の28日12時10分より下光秀二郎副社長，田中久雄副社長，久保誠専務らに対し，同日午後2時より佐々木社長に対し，「DS社は，9月末までに〔残り2日余で〕合計119億円の営業損益改善（PC事業のBuy-Sell取引で39億円，映像事業のC/Oで65億円など）を実施する」と提案した。佐々木社長をはじめコーポレート幹部もそれを認めた〔■一晩で119億円もの営業利益を捻出〕。

　このような経緯において，2012年度第2四半期におけるBuy-Sell利益計上残高は推計511億円となった。その後も，状況は改善せず，Buy-Sell利益計上残高は第3四半期556億円，第4四半期715億円といっそう拡大した。その結果，2012年度のPC事業は営業利益82億円を計上したが（表2−1），DS社のPC事業と映像事業を含む営業損益は▲418億円の赤字であった（表2−6）。

　■佐々木社長時代の4年間におけるBuy-Sell利益計上残高は，社長就任直前の2009年度第1四半期の273億円から最終年度の2012年度第4四半期の715億円へと4年間で442億円も増大（表2−5（本書22頁）で見たように，マスキング

倍率も５倍強へと拡大）。PC事業の部品取引に係る利益のかさ上げは，累計▲650億円（2009年度▲291億円，2010年度112億円，2011年度▲161億円，2012年度▲310億円）もの税引前当期純利益の過大表示をもたらしたのである。

③　田中久雄社長時代（2013年６月〜2015年６月）：不正会計の縮小

2013年６月25日，佐々木氏が社長を退任して副会長に，田中久雄氏が東芝社長に就任した。

田中社長は９月13日，久保誠副社長に"極秘の相談"を持ちかけた。

「市場の期待値を考えるとベストなシナリオは，DS社の損益が１Q（▲206億円）比で半減し２桁（▲99億円）になること，全社で1,000億円以上とすることではないでしょうか」，「そこで相談です。これまでの方針とは少し異なりますが，少しバイセル借金を増やして，何が何でも，DS社を▲99〔億円〕までに止めたいと思っています」。これに対して，久保副社長は「社長が決断された場合は100％従いますし，ベストを尽くしますが，私はバイセルを増やすことには反対です」と回答した。

そこで，2013年度においてもPC事業のODM部品の押し込みは引き続き行われ，Buy-Sell利益計上残高は，2013年度第２四半期679億円，第３四半期668億円，第４四半期721億円と推移した。しかしながら，PC事業の2013年度営業損益は▲199億円の赤字（**表２−１**），DS社全体では▲469億円もの営業損失であった（**表２−６**）。

2014年に入ると，DS社と久保副社長を含むコーポレートにおいて，利益水増しの解消問題が取り上げられ，５月20日の田中社長を含む「課題事業総点検緊急会議 PC事業」においても検討された。以後，数度の同会議を経て2014年９月18日開催の取締役会において，「パソコン事業構造改革の件」（2014年度に602億円の費用を計上，うち営業内費用450億円は「撤退による販売及び在庫対策，生産調整，減損等」の費用）として決議された（調査報告書232頁）。

■東芝の2015年３月期有価証券報告書は，「事業の状況」において，「テレビ等の映像事業，パソコン事業が悪化しました。また，家庭電器事業が減損処理を行った影響により大幅に悪化しました。これらの結果，ライフスタイル

部門全体の営業損益は前期比551億円悪化し1,097億円の損失になりました」と記し（有価証券報告書16頁），また，「連結財務諸表に対する注記」において，「ライフスタイル部門における構造改革として，PC事業については2014年度に16,114百万円の構造改革費用が計上されています」と記している（同報告書103頁）。しかしながら，2014年9月18日の「パソコン事業構造改革の件」で決議された内容は適切には明らかにされなかった。

2014年度第1四半期以降もODM部品の押し込みは引き続き行われたが，上記計画が実行されることにより，Buy-Sell利益計上残高は，2014年度第4四半期には397億円と減少した。そして，2015年6月にはODM部品の押し込みは行われず，7月時点ではBuy-Sell取引を利用した利益のかさ上げは自然に解消されたとのことである。

■社長就任2年目の田中社長の上記計画の実行は評価される。

(7) 不適切な会計処理の発生原因

第三者委員会は，不適切な会計処理の発生原因について，まず，「経営トップらの関与を含めた組織的な関与があり，かつ，意図的に『当期利益の（実力以上の）嵩上げ〔かさ上げ〕』をする目的の下に行われたものである」とした（調査報告書232頁）。

すでに十分に検討したように，西田厚聰，佐々木則夫，田中久雄の3社長は，カンパニーに対して収益改善の高いチャレンジを課してその必達を求めた。パソコン事業の収益が改善しなければ事業からの撤退を示唆することもしばしばあった。

「チャレンジ」を強く求められたカンパニーは，四半期末まで残り3日間で120億円の利益改善を強く求められた例に代表されるように，わずかの残り期間で，いかに努力をしても多額の利益改善施策を行うことが困難であったことから，ODM部品の押し込みによる見かけ上の利益のかさ上げという不正な方法に頼らざるを得なかった。

そして，このような経営トップの「圧制」の下で，いわば「経営判断」として行われた押し込み販売による利益のかさ上げを止める内部統制部門

(カンパニー経理部，コーポレートの財務部や経営監査部など) の監視機能は，まったく働かなかった (調査報告書237頁)。

また，監査委員会も無力であった。この間，監査委員会委員長であった村岡富美雄氏と久保誠氏は，ともに「元最高財務責任者 (CFO)」として，ODM部品の押し込みの事実を認識していた。しかし，「監査委員会としてODM部品の押し込みにつき何らかの議論が行われた形跡はなかった」(調査報告書239頁)。

さらに，調査報告書は，「会計監査人〔新日本監査法人〕から，意図的なODM部品の押し込みにつき何らかの指摘がなされた形跡は見当たらない。このことが，ODM部品の押し込みによる利益の嵩上げが長期化する一因となったものとも考えられる。…… 会計監査人による統制が十分に機能していたとは評価し得ない」とも指摘した (調査報告書240-241頁。会計監査人監査については本書46頁参照)。

2　半導体事業における在庫の評価に係る会計処理

半導体事業における在庫の評価に係る会計処理の税引前当期純利益の修正額は合計360億円で，累計修正額1,518億円の23.8％を占める。

主たる問題は，カンパニーである「セミコンダクター＆ストレージ社」(S&S社) における前工程標準原価改訂に伴う原価計算の適正性についてである。

(1)　前工程標準原価改訂に伴う原価計算

S&S社の半導体事業は標準原価計算を採用している。半導体の製造工程は，前工程と後工程に分かれているが，標準原価は工程別に決められており，原価差額 (標準原価と実際に発生した原価との差額) も工程別に把握される。

東芝の経理規程では，「TOV (標準原価：Turn out of Value) の改訂は，原則として年１回予算編成に先立って実施するもの」と定めているが，S&S社は，計画時よりも販売数量の減少が予想され，それに伴い四日市工場 (メモリ事業部) の操業度が期首に見積られた予算上の水準よりも大幅に低下することが見込まれたため，2011年度第３四半期の期中に臨時的に前工程の標準原価を増額した。本来であれば，前工程の標準原価改訂に合わせて後工程の標準原価

改訂も行うべきであったが，後工程の標準原価改訂を行わなかった。その結果，S&S社が採用していた原価差額配賦方法では後工程における売上原価に対して本来より少ない原価差額が配賦され，改訂した四半期における当期利益がかさ上げされた。

その後2011年度から2014年度までの3事業年度においては，他の事業部（大分工場と姫路工場）も期中の前工程のみの標準原価改訂を実施した。なお，標準原価の改訂率については，大分工場において2012年度において105％〜735％，2013年度において203％〜785％という，高率な改訂も見られた。

■この前工程のみの標準原価改訂も，巧妙な利益操作である。

(2) 利益かさ上げの意図は？

表1−1（本書4頁）で見るように，半導体の前工程標準原価改訂に係る税引前当期純利益への影響は，2011年度▲104億円，2012年度▲368億円（2012年度修正額合計858億円のうち最大の金額）の過大表示，2013年度は165億円の利益の過少表示と相当な金額に上るが，では，このような利益のかさ上げは意図的に行われたものであろうか？

カンパニーの社長，事業部長及び経理部長らは，期中において前工程の標準原価のみを改訂したことについて，利益のかさ上げをする目的はなかったと述べている。

しかし，第三者委員会は，主に次のように指摘する。

① カンパニーの経理部長らは原価差額配賦計算について相応の知識を有していると解されることなどに鑑みれば，期中に前工程の標準原価を改訂することによって結果的に当期利益がかさ上げされている事実については認識していたものと認められる〔■この第三者委員会の判断は妥当である〕。

② 2012年7月以降の社長月例に用いられた資料のいくつかにおいては，「PL対策」，「対策残」等の項目として「TOV」とその額が挙げられており，それは，期中のTOVを改訂したことによって四半期の利益がかさ上げされ，その分だけ改訂した後の四半期の損失が増加する意味で用いられていると理解される。

　「このような事情を併せて考えれば，カンパニーCPらは四半期利益のかさ上げの目的も有していた可能性は否定できず，また，佐々木社長や田中副社長ら経営陣も，四半期の見かけ上の利益をかさ上げしようとする意図を有していた疑いが残る」（調査報告書273頁）。

　そして，第三者委員会は，「会計監査人から本案件について何らかの指摘がなされた事実は見当たらなかった」とも指摘した（調査報告書256頁）。

　■監査法人は，新年度の監査に当たり，それが新規の契約か更新かにかかわらず，必ず会社の採用する会計方針とその変更を問う。そして，会社は，通常は，臨時的なTOV改訂を行うのであれば，事前に監査法人に対して説明や相談を行う。新日本監査法人と東芝との間でそのようなコミュニケーションが行われたのかどうかは不明だが，結果的には，新日本監査チームは，臨時的なTOV改訂が行われるならば，当然に東芝から報告や相談があるものと思い込み，また，前工程と後工程のTOVは従来どおり整合していると勝手に解釈し，東芝の不正な会計処理を発見することができなかった。

3　原因論まとめ

　第三者委員会は，「原因論まとめ」と題し，4つの委嘱事項に係る不正会計に共通する「直接的な原因」として，以下の7つを指摘した。

　(1) 経営トップらの関与を含めた組織的な関与，(2) 経営トップらにおける意図的な「当期利益のかさ上げ」の目的，(3) 当期利益至上主義と目標必達のプレッシャー，(4) 上司の意向に逆らうことができないという企業風土，(5) 経営者における適切な会計処理に向けての意識又は知識の欠如，(6) 東芝における会計処理基準又はその適用に問題があったこと，(7) 不適切な会計処理が外部からは発見しにくい巧妙な形で行われていたこと

　■これらの原因については，容易に納得し得るであろう。私は，上記の(1)(2)(3)についてはすべて，経営トップ（社長，事業担当執行役（GCEO），最高財務責任者（CFO）など）の責任であると考える。特に，カンパニー社長を含む現場がこれ以上無理だという数値を提出しているのに，それを無視しての社長の要求は，明らかに〝粉飾に奔る土壌〟を醸成している。

興味あるコメントがある。「100の力がある社員に130やらせないと会社は伸びない。200やらせると危ない[(1)]」。これは，自他ともに認めるモーレツ経営者である日本電産の永守重信会長兼社長（当時）が東芝の不正会計について尋ねられた際の回答だ。持てる力の3割増しを引き出すのが経営者の力量だという。

(4)の「上司の意向に逆らうことができないという企業風土」は，どこの会社にも多かれ少なかれ存在するが，こういう雰囲気が蔓延するときわめて危険である。風通しの良い職場を目指そうという「健康経営」が強調されるゆえんである。そして，そのリーダーは経営者である。

(5)の「経営者における適切な会計処理に向けての意識又は知識の欠如」と(6)の「東芝における会計処理基準又はその適用に問題があったこと」，それに(7)の「不適切な会計処理が外部からは発見しにくい巧妙な形で行われていたこと」の原因は，不正会計の一因ではあるが，東芝粉飾決算の主たる原因ではない。

要するに，調査報告書の4つの委嘱事項に係る東芝の不正会計の最大の原因は，経営トップの"経営者として堅持すべき姿勢の欠落"に帰するのである。

4　その後の状況 ── 追い込まれた東芝

第三者委員会調査報告書が発表された以降の東芝の状況について概観しよう。

8月18日，東芝，過去の決算を見直した結果，さらに固定資産の減損処理に係る568億円の利益の減額を発表。決算訂正の利益減額は2,130億円（第三者委員会発表1,518億円＋自主チェックの結果44億円＋568億円）に上る。

8月31日，東芝，この日に予定していた2015年3月期決算発表と有価証券報告書の提出を再び延期。理由は，米国で水力発電事業を手掛ける子会社に対する引当金や減損処理の計算など，調査が必要な案件約10件が判明したこと。

翌日（9月1日）の各紙の見出しは踊る。「東芝，土壇場で混乱増幅」「東芝，決算発表を再延期，新たな不正会計判明」「東芝，つまずく再出発」「東芝再生へ暗雲」「東芝，『ウミ』出し切れず，遠のく信頼回復」「東芝，決算発表また延期」「『情報小出し』に不信感」等々。

　9月7日，東芝，遅れていた2014年度（2015年3月期）決算を発表。過年度決算の修正額が8月18日発表の2,130億円からさらに118億円増え，合計2,248億円と報告〔■しっかりしてよ！　東芝〕。その結果，2008年3月期から2014年第3四半期までの6年と9カ月間の累計税引前利益5,830億円は3,582億円へ減少。

　*Wall Street Journal Asia*は報じる[(2)]。"Toshiba Discloses \$1.9 Billion in Errors"（「東芝19億ドルのエラーを明らかにする」）。東芝事件について，"the scandal, which was caused by management setting aggressive profit targets that subordinates couldn't meet without inflating divisional results"（「各部門の業績を水増しすることなくしては部下が達成できないようなアグレッシブな利益目標を設定した経営者によって引き起こされたスキャンダル」）。

　*Financial Times*も伝える[(3)]。"Toshiba inflated profit by nearly \$2 bn in seven years"（「東芝，7年にわたり20億ドル近くの利益を水増し」）。

　9月30日，東芝，臨時株主総会を開催。「東京駅から京葉線で約30分の会場に1,924人の株主が詰めかけた。6月の総会に比べ4割少ない[(4)]」とはいえ，1,924人という多くの株主が千葉の幕張まで足を運び「怒号が飛び交う状況」を想像してほしい。各紙は総会での株主による室町社長への怒りの発言を掲載。大幅な株価下落への株主のうっ憤が爆発。会場で質問に立ったのは23人〔■かなりの人数〕。総会は過去最長の3時間50分。

　11月9日，東芝，役員責任調査委員会（委員長：大内捷司元札幌高裁長官，他弁護士2名）の報告書を発表。西田厚聰氏，佐々木則夫氏，田中久雄氏，村岡富美雄氏，久保誠氏の5人については「善管注意義務に違反」と判断。東芝は，5人を相手取り計3億円の損害賠償を求め東京地裁に提訴。

　翌日（11月10日）の各紙の見出し。「東芝，市場健全性害す，元社長ら義務違反，室町社長の責任は触れず」「東芝元トップの暴走」「東芝，役員93人提訴せず，5人以外大半『証拠ない』」「東芝　賠償責任5人のみ，調査委報告書　請求額根拠も不明確」「東芝調査委　甘い追及，室町社長提訴せず」「過少な賠償請求『不正なし』なお強調」等々〔その後2016年1月27日，東芝は損害賠償請求額を29億円追加し32億円とした[(5)]〕。

　臨時株主総会をどうにか乗り切り，旧経営陣を提訴し，新生東芝がスタートしたかに見えた。しかし，11月中旬，東芝はまたまた苦境に追い込まれた。ウェスチングハウス（WH）が，2013年3月期に約1,100億円，2014年3月期に約500億円，計1,600億円の減損損失を計上していたことを発表。一方で，WHは原発の燃料や保守，管理では安定した収益を上げていたので，東芝は連結貸借対照表の資産に計上している「のれん代」などは減損の必要がないと判断，連結業績には反映しなかった。

　各紙は，11月13日から18日ごろまで，東芝の「秘密体質」を糾弾。

　「業績は順調に推移していると説明してきたのに，突然の巨額損失の計上に多くの市場関係者は『話が違う』と受け止めた」「会計不祥事からの出直しに取り組んでいる様子が見えない」「開示が不十分だったのは，何か根が深い問題が隠れているからではと勘繰ってしまう」「重要な事実を隠しており，上場廃止の基準に抵触しているのでは」「明らかに損失隠しだ」等々。

　11月16日，東京証券取引所はWHが2013年3月期の単体決算で減損損失926百万米ドル（926億円）を計上したが，東芝の有価証券報告書における連結財務諸表では開示しなかったことを問題視。東証の開示基準では有価証券報告書に記載した子会社の「純資産」の3％を超える損失は開示しなければならないが，同期のWHグループの損失見込額は6％に達していた。

　12月21日，東芝，2016年3月末までに国内外で1万600人を削減すると発表。電機大手では数万人の人員削減の例もあるが，東芝のこの1万人超の人員削減は金融危機などと関係ない平時のリストラとしては異例の規模。

　12月22日，東芝の不正会計問題で株価が下がって損害を受けたとして個人株主50人が，東芝と歴代3社長および最高財務責任者2人の元役員5人に，計3億円の損害賠償を求めて提訴。不正会計問題で株主が国内で提訴したのは初めて。なお，**内外の機関投資家や銀行，個人が起こした東芝に対する訴訟は全部で37件であるが，6年後の2021年12月7日現在，和解が成立したのは6件のみである**[(6)]。

　12月22日，金融庁は，公認会計士・監査審査会の勧告に基づき，新日本監査法人に対して，契約の新規締結に関する業務の3カ月停止，抜本的な業務改善計画の提出，約21億円の課徴金納付命令〔**■課徴金納付命令は監査法人に対し**

て初めて〕．同法人 7 名の公認会計士に対しては，最大 6 カ月の業務停止の懲戒処分を発表．

12月25日，金融庁は，証券取引等監視委員会の勧告に基づき，東芝に対して課徴金73億7,350万円の納付命令を発出．

2016年に入ってからも東芝にとっては"アゲインスト"の風が吹いた．

2 月 4 日，東芝は2016年 3 月期の連結最終赤字が7,100億円になると発表．電機大手の連結赤字額としては日立製作所（2009年 3 月期の7,873億円），パナソニック（2012年 3 月期の7,721億円）に次ぐ規模．株価は 4 日に一時182円10銭まで下げ，約35年ぶりの安値圏で推移〔2015年 3 月末では500円を超えていた（本書 2 頁）〕．

3 月15日，東芝，一部の部門や関係会社で新たに不適切会計が 7 件，計58億円あったと発表．1 件当たりの金額は 2 億〜25億円．不良製品の評価損計上を怠っていた．■"またぞろ"

激動の2015年度は終わった．東芝は今なお混迷しているが，ひとまず，「東芝劇場『粉飾決算』」の"幕切れ"としよう．

注 ────────────

(1) 日本経済新聞「東芝ショック（中）」，2015年 7 月24日
(2) *Wall Street Journal Asia,* September 8, 2015
(3) *Financial Times,* September 8, 2015
(4) 日本経済新聞「東芝 苦難の新体制」，2015年10月 1 日．日刊工業新聞「深層断面 東芝臨時株主総会，株主不満爆発，信頼回復…ほど遠く」，2015年10月 1 日．フジサンケイビジネスアイ「経営陣の責任 株主ら追及，東芝臨時総会 怒り収まらず」，2015年10月 1 日
(5) 日本経済新聞，朝日新聞，毎日新聞，読売新聞，東京新聞の各紙「賠償請求額32億円に」，2016年 1 月28日
(6) 日本経済新聞「不正会計巡る訴訟で和解」，2021年12月 8 日

第3章

東芝劇場「粉飾決算」観劇記

　2015年１月下旬に幕開きした「東芝劇場『粉飾決算』」は，１年後，展望が見えないまま幕切れとなった。

　以下は，著者の観劇記である。

1　なぜ，第三者委員会は「東芝のためだけ」の委員会か？

　第三者委員会は，調査報告書の冒頭において「調査の前提」として「一般的な限界・留保事項」を10個列挙している。そのうち注目すべきは，以下の事項である（調査報告書19頁）。

　「本委員会の調査及び調査の結果は，東芝からの委嘱を受けて，東芝のためだけに行われたものである。このため，本委員会の調査の結果は，第三者に依拠されることを予定しておらず，いかなる意味においても，本委員会は第三者に対して責任を負わない」

　■第三者委員会は「東芝から委嘱された事項について調査し報告する東芝のためだけの委員会」であり「第三者に対して責任を負わない」と明言している。待てよ！「第三者委員会」とは何だろう。

　実は，2015年５月８日の第三者委員会設置の発表後に東芝の株価はストップ安となり，５月10日には３月末に500円を超えていた株価は403円と急落した（本書２頁）。そのため，米国の投資家らは著しい損害を被ったとして東芝経営陣らを相手取り，損害賠償を求める集団訴訟を米カリフォルニア州の連邦地裁に起こしていた。提訴の明確な日時は不明である[(1)]。

　米国での民事訴訟においては正式事実審理前の段階において，ディスカバリ（discovery）という，当事者が相手方および第三者から証拠を入手するための手続（証拠開示手続）が行われる。このディスカバリにおける開示の対象は，当該訴訟に関係するすべての事項，例えば，社内メールや社内資料，備忘メモなどもその対象になるのが原則だという。ただし，弁護士・依頼者間の秘匿特権に関するものはディスカバリの対象外になるそうだ[2]。

　そこで，第三者委員会は，米国での提訴の事情やこの秘匿特権に関するディスカバリの適用除外も踏まえて，東芝のためだけに調査したということにすれば，調査報告書に書かなかった東芝とのメールのやり取りなどについて証拠提出を拒む余地が生まれると考えたのではないかとする見方もある[3]。

　第三者委員会の依頼者は東芝である。東芝の法人としての権利を擁護し，東芝を守ることが弁護士の「正義」であろう。しかし，第三者委員会の真の依頼者は誰か？

　國廣正弁護士は，東芝事件以前（2011年12月）に，次のように主張していた[4]。

　「第三者委員会は経営陣の地位を守るためではなく，『毀損された企業価値の回復』を目的として活動しなければならない。…… 第三者委の業務は，弁護士にとって経営陣を依頼者とする従来型の顧問・代理業務とは全く異なる。

　ステークホルダー（将来の投資家，市場関係者等を含む）のための危機管理業務であり，健全な企業社会に資する作業である。…… 第三者委の本来の使命は『独立した調査をして真相を究明すること』であり，報告書の開示を通じて調査結果はすべてのステークホルダーの共有財産となる」

　■こういう正論があると救われる。

2　なぜ，東芝はガバナンスの「優等生」といわれていたのか？

　「東芝は，1998年に執行役員制度，1999年に社内カンパニー制を導入するとともに，2000年6月には任意の指名委員会と報酬委員会を設置，2001年6月には社外取締役3名体制とし，取締役の任期も1年に短縮するなど，経営体制の

改変を行い，2003年6月以降は委員会等設置会社（現在は，指名委員会等設置
会社）制度を採用している。現在〔2015年7月〕，取締役16名中8名が執行役を
兼務しない取締役となっており，執行役を兼務しない取締役の半数が社外取締
役である」（調査報告書22頁）。

　このような説明に接すると，東芝はわが国の企業経営体制制度の改変に迅速
に対応し（第7章以降で検討する），執行と監督を切り離し，監督に特化した
独立性の高い取締役会を運営しており，さすがという印象を受ける。確かに，
「ガバナンス優等生」といわれていた。ある大会社の取締役からは「東芝の
ガバナンスを学ぶために東芝と勉強会を開いた」と聞いたこともある。

　ところで，調査報告書が明らかにする不正会計処理による影響額は合計1,518
億円の税引前当期純利益の過大計上をもたらしたが，このうち実に1,486億円，
約98％は佐々木則夫社長時代（2010年3月期〜2013年3月期の4年間）に行われ
ていたのである（本書4頁）。

　そこで，佐々木社長時代の2011年6月時点の取締役会（委員会等設置会社）
の構成を見よう(5)。

　取締役は計13名，うち社内取締役10名，社外取締役3名である。社外取締役
3名は，東京大学の政治学教授（東大総長経験者，2007年6月就任以降4年継続），
外務省高官（フランス大使経験者。2007年6月就任以降4年継続），弁護士（2007
年6月就任以降4年継続）である。これらの社外取締役の布陣も申し分ない。
しかし，会計・財務に精通する社外取締役はいない。

　そして，指名委員会は，東京大学教授（委員長），弁護士，西田厚聰会長の
3名。報酬委員会は，外務省高官（委員長），東京大学教授，弁護士，西田会長，
佐々木則夫社長の5名。監査委員会は，村岡富美雄取締役（前最高財務責任者）
を委員長に社内取締役（前人事部長），外務省高官，東京大学教授，弁護士の
5名で構成。このように，3委員会とも社外取締役が多数を占め，指名委員会
と報酬委員会の委員長は，それぞれ東京大学教授と外務省高官である。確かに
形式的には独立した委員会といえる。

　ガバナンスの観点からは，トップ人事を決める「指名委員会」がきわめて
重要である。社外取締役が2名，他の1名は西田会長，委員長を東大教授に
据えているが，「剛腕」西田会長を押さえる力量は持たない。報酬委員会に

至っては，3名は社外取締役であるが，西田会長と佐々木社長の両巨頭が構えている。ほとんど「原案通り」であろう。監査委員会は5名と数では評価できるが，委員長は長年にわたり最高財務責任者（CFO）として東芝の財務・会計を牛耳ってきた村岡氏（本書31頁），他の4名は財務・会計には「ド素人」である。村岡氏にしても自らの過去の行為を監査することはできない。

■「こりゃダメだ！」。看板の「委員会等設置会社」は"お飾り"だナ。

冨山和彦氏（経営共創基盤CEO，当時）は，「東芝の問題は『ガバナンス粉飾』だ」と断じる[6]。「ガバナンスは権力メカニズムが健全に作用するための担保。最たるものがトップ人事だ。〔東芝は〕形式的には社外取締役が社長を選ぶ委員会等設置会社だったが，報道で見る限り機能していた気配がない」

■「ガバナンス粉飾」とは，お見事！

3　なぜ，第三者委員会はウェスチングハウスを取り上げないのか？

　東芝の不正会計が大きく取り上げられたころから，市場関係者の間では，東芝の子会社である米国原子力関連企業ウェスチングハウス（WH）に関する状況，特に東芝の資産に計上されている3,500億円のWHの「のれん」の減損の問題が取り沙汰されていた（東芝は2007年3月期の有価証券報告書でその金額を明示にしていた。本書57頁）。そこで，彼らは第三者委員会がこの問題を明らかにするのでないかと期待していた（本書58頁）。しかし，同委員会はこれを取り上げなかった。なぜか？

　この問題を"スクープ"したのは『日経ビジネス』である。同誌は，次のように報じる[7]。

　「2015年4月6日，前社長の田中久雄氏は，以下のようなメールを送信した。『今回の課題は原子力事業の工事進行案件と初物案件（ETCなど〔K案件，本書9頁〕）であって，それ以外は特に問題がないという論理の組み立てが必要だ。そうでなければ，会社の体質，組織的な問題に発展する』」

　このメールを受けて，東芝幹部は「謀議」し，WHの減損問題を第三者委員

会への委嘱事項としないことを決定した。

　■『日経ビジネス』は，東芝の法務部長が室町正志会長や田中久雄社長らに伝えていた"極秘"のメールを入手，法務部長と第三者委員会の委員である弁護士とのやり取りやWHの減損問題を封じ込める会議の内容などを克明に報じたが，上記の田中社長のメールがすべてを物語る。「東芝が抱える爆弾」と揶揄されるWHの「のれん」の減損問題が露見することを防ぐことは，東芝経営陣にとって"最重要事項"だったのである。そして，田中社長は，それで乗り切れると踏んだのである。

4　なぜ，「不適切会計」か？

　2015年7月21日に第三者委員会調査報告書が公表されるまでの約45年間，会計監査論，特に米国会計監査論の研究と時折の監査実務に従事してきた私は，調査報告書に踊る「不適切会計」という用語に初めて接した。そんなことばがあるの？　という感じだった。

　調べてみると，調査報告書発表の約3年前の2012年3月22日，日本公認会計士協会は，以下のように報告していた[8]。

　「『不正』とは『財務諸表の意図的な虚偽の表示であって，不当又は違法な利益を得るために他人を欺く行為を含み，経営者，取締役等，監査役等，従業員又は第三者による意図的な行為』である。『誤謬』とは『財務諸表の意図的でない虚偽の表示であって，金額又は開示の脱漏を含み，次のようなものをいう。財務諸表上の基礎となるデータの収集又は処理上の誤り，事実の見落としや誤解から生ずる会計上の見積りの誤り，認識，測定，分類，表示又は開示に関する会計基準の適用の誤り』である」〔■この「不正」と「誤謬」の定義は，米国公認会計士協会の「監査実務指針」（SAS：Statements on Auditing Standards）No.1，1972年からの引用である〕。

　そして，「『不適切な会計処理とは，意図的であるか否かにかかわらず，財務諸表作成時に入手可能な情報を使用しなかったことによる，又はこれを誤用したことによる誤り』」と定義している。つまり，「不適切な会計処理とは，不正または誤謬に関係なく，入手可能な情報を使用しなかったり，誤用したことに

よる誤り」と言う。誤謬とどう違うのだろうか。明確ではない〔■この「不適切な会計処理」については米国のSASは定義しておらず，日本公認会計士協会独自のものである。不正と誤謬の定義で十分であり，まったく意味のない定義である〕。

　調査報告書発表直後の７月21日の第三者委員会記者会見で，「報告書では『不適切』としているが『不正』ではないのか」との質問に対し，上田廣一委員長は「担当者が会計知識を間違えていたり，（損失などの）先送りがさほど違法と思っていなかったりしていた。半導体の在庫処理は主観で判断していた。違法という認識がないことも重要だ。全体としてまとめると『不適切』と判断した」と答えた。また，伊藤大義委員（公認会計士）は，「会計的な虚偽表示は，間違いという『誤謬』と経営者や社員が意図的に間違えた『不正』に分かれる。ただ，『不適切』という言葉は実務でも多く使われている」と上田委員長を助けた(9)。

　■上田委員長の発言について。４つの委嘱事項に係る第三者委員会調査報告書の結論は，財務諸表には意図的な虚偽表示が行われていたことを明らかにしている。本件の場合，違法かどうかの視点は重要ではない。

　この「不適切会計問題」を最初に取り上げたのは，７月14日の東京新聞である。同紙は「東芝『粉飾決算疑惑』でしょ？」との見出しで，次のように伝えた(10)。

　「問題の発端は４月３日。東芝は文書で『インフラ関連工事の会計処理で調査を必要とする事項が判明』『（社内に）特別調査委員会を設置し，自ら事実関係の調査を行う』と発表した〔本書１頁〕。日経，朝日，読売の三社は翌４日付朝刊の見出しで，『不適切会計で調査委』（日経）『不適切処理疑い』（朝日）『工事で不適切会計か』（読売）と報じた。その後は『不適切会計』『不適切な会計処理』という表記が定着。他のメディアも追随した……。経営トップが意図的に利益の水増しへの対応を迫ったとの見方が強まっている。こうした状況で『不適切会計』と報じ続けるメディアに対し，インターネットなどでは『追及が甘い』と批判する意見も出ている。『不適切会計』という表現は妥当なのか」

　私の調査では，第三者委員会調査報告書が公表された翌日の 7 月 22 日とそれ以降，朝日新聞，毎日新聞，東京新聞，日刊工業新聞は「不正会計」を使用。日本経済新聞はこれまでどおり「不適切会計」を用いた（一時「会計不祥事」を使用（2015 年 9 月 8 日版），2021 年 12 月 8 日版は「不正会計巡る訴訟で和解」と表記，本書 37 頁）。読売新聞は当初から「不適切会計」を固持。産経新聞は「利益のかさ上げ」「利益の水増し」を用いた（ただし，2016 年 3 月 16 日版は「東芝，新たに不正会計 7 件」と表記）。各社の "キャラクター" が出ている。また，東京証券取引所は東芝を特設注意市場銘柄に指定した際に「不正会計」と指摘，東芝の株主弁護団は「粉飾決算」と呼ぶ。

　■私は断言する。東芝は利益のかさ上げを意図的に狙った「不正会計」を行っていた。俗にいう「粉飾決算」である。この事件をそう呼ばずして，不正会計や粉飾決算という用語は存在しない。

5　なぜ，東芝幹部らはバレないと思ったのか？

　調査報告書を読んで，「多くの社員が不正に関与していたナ」とびっくりし，同時に「なぜバレないと思ったのカナ」と不思議に思った。

　野口悠紀雄教授（早稲田大学ファイナンス研究所顧問，当時）も，「東芝の今回の大規模な経理操作であれば，かなりの人数がそれに関わるので，その中には正義漢がいても不思議でない。東芝の経営陣がなぜ情報が漏れないと考えていたのか，不思議である。自分の部下たちの倫理観を，随分と過小評価していたものだ(11)」と述べている〔■下線部分（著者）は大変興味ある指摘である〕。

　すでに明らかなように，東芝においては，社長，事業グループ担当執行役（GCEO），最高財務責任者（CFO）をはじめコーポレートの財務部や経営監査部，カンパニーの社長，幹部，経理部，生産調達部門など，多くの社員が不正会計に直接・間接に関わっていた。「数」が先行するのは危険だが，数百人に及ぶのではないか。これまでの粉飾決算事件は少人数の経営トップによって行われていたが，東芝は「桁違い」である。しかも，多少のエラーを除いて不正と知りながらの行為である。

　しかし，東芝にも正義漢（もしかしたら女性かもしれない）がいた。彼（彼女）

が証券取引等監視委員会に通報したのである（本書1頁）。正義漢は海外にも
いた。東芝はパソコンを台湾のODMメーカーとともに中国の子会社である
「東芝情報機器杭州社」（TIH）においても製造していたが，TIHへもマスキン
グ価格での部品供給が行われていた。

　2012年12月26日，カンパニーの調達担当者より，TIH総経理に対し，部品
4,800万米ドル（約41億円，1ドル86円で換算）を購入するよう指示がなされた。
これに対し，TIH総経理は，「本件はカンパニートップの意思か」，「当然なが
ら本件が"abnormal"な処置であることを十分理解した上でのご指示か」，
「この取引がグループの会計処理に疑義をもたれないかが懸念される」，「その
リスク覚悟（覚悟というのは万が一時の対応を含めて）でのご指示か」などと
難色を示したものの，カンパニーの経理部長は，コーポレートの久保誠専務
にも「監査リスク」があることを説明済みであるとして，TIHによる実施を
求めた（調査報告書229-230頁）。

　先の冨山和彦氏は言う(12)。「『こんな会計処理をするのはおかしいのでは』
と内心思っていた人は東芝の社内にいっぱいいたのではないか。本来だったら，
クーデターですよ。『こんな会計処理を強いるやつを何で社長に置いておくの
か』という話になる。『これはダメだと』と思ったら社長の首を切る仕組みが
働いているかどうか。国家でいえば，民主制は投票箱でクーデターを起こせる
仕組み。会社も国も，合法的に権力者を交代させる仕組みがあるかどうかが
根本です。これ抜きのガバナンス論はおままごとです。……「もし今，すでに
明らかになっている経営者の行状を〔私が社外取締役として〕知っていたら，
私は解任動議を出しています」

6　なぜ，第三者委員会は監査法人を庇（かば）うのか？

　第三者委員会は，4つの委嘱事項に係る新日本監査法人による監査について，
合計18件"コメント"している。その18件は，おおよそ次頁のように分類でき
る。

① 積極的意見 —— 1件
・パソコン事業に係り「会計監査人による統制が十分に機能していたとは評価し得ない」（本書31頁）

② 弁護条件付意見 —— 7件
・「会計監査人の統制機能が及ばなかったものであるが，これはやむを得なかったものと考えられる」（工事進行基準H，I，J，K案件。本書8－9頁）。
・「東芝の見積工事原価総額の削減策は詳細な根拠資料の提示を欠くものであったが，新日本監査法人が上記見積工事原価総額の増加見積値の情報の提供を受けたのは東芝の決算発表が行われる10月末日の直前であったことや四半期レビューが年度の財務諸表監査と比べ，限定された手続によって行われることを鑑みると，具体的な見積り（コスト削減策）の妥当性について解明することは実務上困難であったと推定される。本委員会においては会計監査人の監査が全体として適切であったか否かの評価は行わないが，本場面においては，結果的には会計監査人による統制が十分に機能していなかった面も否定できない」（工事進行基準G案件，本書8頁）。
・「限られた時間と資料による四半期レビューであることに鑑みれば，会計監査人による監査や四半期レビューが適切に行われていなかったとまでいえないものと思料する」（工事進行基準N案件，本書9頁）
・「映像事業において，会計監査人はC/O（キャリーオーバー）が実施されていたことを検出できなかった。これは，映像カンパニー等が会計監査に対して，C/Oの実施を窺わせる資料ないし情報を開示せず，また，C/Oを実施していることが会計監査人に判明しないよう説明内容を工夫していたことによるものと思料される」（本書15頁）

③ 「指摘なし」—— 10件
・「会計監査人から何らかの指摘がなされた事実は見当たらなかった」
このように18件のうち，新日本監査法人の問題点を指摘したのはわずか1件のみで，7件は監査法人の問題点を指摘しつつも監査法人を弁護するもの，残りの10件は「何らの指摘もなかった」のである。

そして，第三者委員会は，「原因論まとめ」において間接的な原因（不正会計の背景と考えられるもの）の１つとして，「会計監査人による監査」を挙げ，次のように「総括」する（調査報告書286頁）。

「本調査の対象となった会計処理の問題の多くについては，会計監査人の監査（四半期レビューを含む）の過程において指摘がされず，結果として外部監査による統制が十分に機能しなかった」

しかしながら，以下のように続ける。

「その原因の一つには，問題となった処理の多くは会社内部における会計処理の意図的な操作であり，会計監査人の気付きにくい方法を用い，かつ会計監査人からの質問や資料要請に対しては事実を隠蔽したり，事実と異なるストーリーを組み立てた資料を提示して説明するなど，外部の証拠により事実を確認することが困難な状況を巧みに利用した組織的に行われた不適切な会計処理であったことが挙げられる。

特に，工事進行基準による会計処理など，もともと個々の工事内容に精通した担当者による社内データに基づく見積りが会計処理の基礎となる事案においては，外部の会計監査人がその見積りの合理性を独自に評価することは極めて困難であり（下線著者），基本的には適切な見積りを確保するための社内プロセスと内部統制が有効に機能していることが前提となる。内部統制機能は，それを有効に働かせようとする会社のトップマネジメントの意思と関連組織によるサポートがなければ有効に機能し得ない。経営トップや組織の不当な関与により内部統制が有効に機能しない状況下では，組織全体がごまかしや不正な操作による組織防衛行動に走ってしまう余地が生ずる。このような会社組織による事実の隠蔽や事実と異なるストーリーの組み立てに対して，独立の第三者である会計監査人がそれをくつがえすような強力な証拠を入手することは多くの場合極めて困難である」

■上記の第三者委員会の見解は，「外部監査による統制が十分に機能しなかった」と総括しているものの，明らかに，新日本監査法人を"弁護"するものである。東芝が事実の隠蔽や事実と異なるストーリーを組み立て，新日本をだましましたので，同法人がそれをくつがえすような強力な証拠を入手することは

多くの場合極めて困難である，と新日本を庇（かば）っているのである。

　およそ粉飾決算とは，調査報告書が指摘するように，「会社内部における会計処理の意図的な操作であり，会計監査人の気付きにくい方法を用い，かつ会計監査人からの質問や資料要請に対しては事実を隠蔽したり，事実と異なるストーリーを組み立てた資料を提示して説明するなど，外部の証拠により事実を確認することが困難な状況を巧みに利用した組織的に行われる」行為である。

　したがって，公認会計士監査，監査法人監査は，常にそのような状況下に置かれているのである。だからこそ，監査人には監査計画から監査報告書の作成までの監査プロセス全体を通して，「職業的専門家としての正当な注意」（due professional care）**と「職業的懐疑心」**（professional skepticism）**を堅持して，不正会計を発見することが求められているのである**[13]。

　そして，前頁の下線部分は何を意味するのだろうか。例示する工事進行基準は東芝だけではなく広く採用されている会計処理方法である。「個々の工事内容に精通した担当者による社内データに基づく見積りの合理性を外部の会計監査人が独自に評価することは極めて困難である」というなら，**一体，公認会計士監査，監査法人監査は何のために存在するのか。**

　確かに，工事進行基準における監査において工事進捗度を測るベースとなる「見積工事原価総額」（本書 6 頁の算式）は将来事象に係るものなので，その妥当性の評価は，監査人にとっても難題である。特に，工事が長期化すればするほどそうである。それ故，工事進捗度には「正解値」がない。しかし，監査人は，これまでの経験や知識，関係資料の分析，監査チーム内での議論，将来情報の分析・評価に精通する法人内の他の部門，例えばリスク評価部門やアドバイザリー部門との討議などをベースに，"プロ"としての見解を固め，会社側の見積工事原価総額の妥当性を，工事進捗度の適正性を評価しなければならない。

　そして，工事が進行するにつれ，監査人は，工事原価の実績やコスト削減計画の進捗状況なども知ることができ，当初の見積工事原価総額の妥当性を改めて判定し，場合によっては当初の見積額を修正させることになる。実際，多くの監査法人は，このような"バックテスト"と呼ばれる監査手続（経営者が行った会計上の見積りに対して，その実績が出た時に，当初の見積りが適切であった

かどうかを遡って確かめる監査手続）を実施している。事実，第三者委員会は工事進行基準に係る見積工事原価総額の妥当性を調査し，その過少な見積りを発見，工事損失引当金の未計上や計上遅れなどを明らかにしているではないか。新日本の東芝監査チームは，上のような通常実施すべき監査手続を実施せず，同法人内の他部門の意見も求めず，工事進行基準に係る案件の監査に完全に失敗したのである。

　また，新日本は「映像事業におけるC/O（キャリーオーバー）が実施されていたことを検出できなかった」（本書15頁）。販売促進費やリベートなどの未計上，支払先に請求書の発行を翌期とさせることなどによる経費の繰延べなど，東芝が"キャリーオーバー"と呼ぶ不正は，ある意味では慣行的な手法であり，それらの発見に努めることは監査の基本中の基本である。にもかかわらず，新日本はこれらも見逃がした。

　そして，パソコン事業における部品取引についても，その本質的な問題，つまり，それが買戻条件付取引であり，四半期を含む決算時点における期末在庫には未実現利益が含まれていることを監査チーム内で議論したのだろうか。また，Buy-Sell利益計上残高は2008年9月末時点において推計143億円であったが，4年後の2012年度には715億円と5倍にも拡大している（本書24頁，28頁）。このような異常な状況を適時に把握し，その原因を監査チームで共有していたならば，累計592億円もの利益のかさ上げを未然に防止することも可能であったろう。

　さらに，半導体事業における前工程のみの標準原価の改訂はカンパニー経理部幹部の巧妙な利益操作であり，会社側からの情報提供がないと看過しがちである。しかし，およそ粉飾を意図とする会社は監査人には連絡しない。だからこそ，監査リスクが存在する根源と取るべき監査手続などについて監査チーム全員で事前に議論し周知徹底しなければ，四日市や大分，姫路などの地方工場に出向く経験の浅い公認会計士や会計士補がこれに気付くことは難しい。結果として，新日本はこれも発見することができなかった。

　一方で，第三者委員会の調査報告書を吟味すると，新日本東芝監査チームの若手公認会計士はマニュアルに従って現場での問題点・疑問点をかなり検出していたことがわかる。しかし，監査現場のリーダーや監査責任者がそれらを

取り上げず，監査チームとして組織的に検討しなかったのである。

　例えば，パソコンのODM部品の押し込み販売に係り，「会計監査人は，東芝青梅事業所において四半期末日に製造原価が減少し多額の粗利益（売上総利益）が発生しており，その額は2012年度以降生産高を上回る水準になっていることを確認していたが，その要因として四半期ごとの交渉により一括して部品に関するCR（コストリダクション）を受け製造利益を確保している旨の不十分な説明を受けていた」（調査報告書240頁）。しかしながら，このような「異常な取引」と「不十分な説明」について，監査チームは議論せず黙認し，利益のかさ上げを見逃がした。

　いずれにせよ，新日本東芝監査チーム，特に監査責任者が職業的懐疑心を発揮していれば，18件中10件について「何らかの指摘がなされた事実は見当たらなかった」ということは考えられない。監査に失敗した彼らの責任はきわめて重い。

　そして，これも調査報告書が指摘するように，「〔監査は〕内部統制が有効に機能していることが前提となる。内部統制機能は，それを有効に働かせようとする会社のトップマネジメントの意思と関連組織によるサポートがなければ有効に機能し得ない」ことは，まったくの事実である。だからこそ，監査人は内部統制の有効性を評価し，経営者の作成した内部統制報告書の妥当性についても意見を表明する義務を負っている。2015年9月7日，東芝は2010年3月期から2015年3月期における財務報告に係る内部統制に重要な不備があることを認めた[14]。新日本東芝監査チームは，東芝トップが内部統制を無効化していた事実を看過し，その間の内部統制報告書に「無限定適正意見」を表明していたのである。

　第三者委員会の「監査人弁護」の結論は，監査の限界を過大に評価し，監査人が行使すべき「正当な注意」と「職業的懐疑心」を新日本東芝監査チームが失っていた事実を見落としている。その結論は，社会の公認会計士監査，監査法人監査の現状への理解と期待を大きくミスリードするものである。

　なお，次の事実も指摘しておこう。

　新日本監査法人は金融庁による同法人に対する処分が発表された当日（12月

22日。本書36頁），「東芝の第三者委員会が意図的な隠蔽があったとしており，今の状態では監査を続けることはできない」との理由で，東芝との監査契約を打ち切ると発表した[15]。この新日本の反省の色なき姿勢は，上記の第三者委員会の誤った見解に依拠して監査に失敗した自らの責任を回避しようとしているのである。

7　第三者委員会報告書を格付けすると？

2015年11月26日，弁護士や大学教授らのグループ（「第三者委員会報告書格付け委員会」委員長：久保利英明弁護士）が，東芝第三者委員会報告書を格付けした結果を発表した[16]。

格付けは各委員が個別に合格圏（A〜D）と不合格（F）の5段階で評価，C（比較的悪い）が4人，D（悪い）が1人，Fが3人だった。「会社からの独立性に乏しく，第三者委員会報告書とはいえない」「東芝に頼まれた範囲に調査を絞ったこと」「ウェスチングハウスを詳しく調べなかったこと」「東芝を監査した新日本監査法人を調査対象から外したこと」などに，複数のメンバーから疑問の声が出たという。

■私は思う。

東芝から委嘱された4つの事項に限定した調査報告書を読んだ誰もが，「一体だれのための第三者委員会か」との疑問を感じたに違いない。調査報告書の全体の流れは，メディアの伝える東芝の“体たらく”をもたらした3人の社長を「悪者」としてあぶり出し，3人を追放することが新生東芝のスタートとなる，そして，そのことを明らかにすることが東芝を取り巻く関係者の期待（社会的期待）にも応えることができ，したがって，第三者委員会としての使命を果たすことができると考えていたのではないか，とすら推察されるものである。

社長を含む当時の経営幹部への数回に及ぶインタビューの実施は，元東京高等検察庁検事長の「権威」がかなり効いている。平均的な第三者委員会ではそのようなインタビューが可能だっただろうか。しかしながら，「工事損失引当金の計上を否定する発言はしていない」（調査報告書110頁），「利益水増しは

認識していなかった」（同196−197頁），「Buy-Sell取引による利益かさ上げは
事業としては不健全なことなので，量を減らすよう言い続けてきた」（同234頁）
などの3社長の回答に対して，第三者委員会による事後の質問が見られない。
あっさり引き下がってしまった印象を受ける。ただし，第三者委員会の結論は，
上記の3社長の意見を部分的には否定している。

　そして，新日本監査法人による監査に関する第三者委員会調査報告書の記述
は，前述したように誤りである。

　一方で，同報告書で示された工事進行基準やBuy-Sell取引に係る"フロー
チャート"は，学習上非常に有用である。

　本書の上梓に際して，調査報告書の重要な個所をすべてインプットし，何度
もチェックした。結果として，"C"と評価する。

注 ────────

(1)　読売新聞「賠償請求・財務悪化を懸念，米で株主訴訟本格化」，2015年7月23日。朝日
　　新聞「東芝に賠償責任求め提訴，米投資家ら，連邦地裁に」，2015年7月23日
(2)　西村あさひ法律事務所，クロスボーダー・ニューズレター「米国における弁護士・依頼
　　者間の秘匿特権」（Attorney-Client Privilege），2009年10月
(3)　日本経済新聞「第三者委員会の姿勢に違和感」，2015年7月27日
(4)　國廣正「第三者調査委員会 機能の条件」日本経済新聞，2011年12月8日
(5)　東芝2011年3月期有価証券報告書，2011年6月22日，52−54頁
(6)　冨山和彦「トップの意思 同調圧力に」朝日新聞，2015年9月18日
(7)　『日経ビジネス』「スクープ 東芝減損隠し，第三者委と謀議，室町社長にもメール」，
　　2015年11月23日
(8)　日本公認会計士協会監査・保証実務委員会研究報告第25号「不適切な会計処理が発覚し
　　た場合の監査人の留意事項」，2012年3月22日，8頁
(9)　日本経済新聞「『組織的行為に衝撃』第三委一問一答」，2015年7月22日。読売新聞「違
　　法認識ない『不適切』」，2015年7月22日
(10)　東京新聞「東芝『粉飾決算疑惑でしょ?』」，2015年7月14日
(11)　野口悠紀雄「大企業の不正会計はどうすれば防げるか」『週刊ダイヤモンド』，2015年10
　　月3日
(12)　冨山和彦「私が東芝の社外取締役なら，社長解任動議を出していた」『週刊東洋経済』，
　　2015年9月26日，64−65頁
(13)　企業会計審議会『監査基準』監査基準の改訂について（平成14年1月25日），三 主な改
　　訂点とその考え方，1 監査の目的（4）（5）。拙稿「監査現場が危ない!」『企業会計』

中央経済社，2019年12月号。拙著『闘う公認会計士 ― アメリカにおける150年の証跡』中央経済社，2014年，265－272頁

⑭　東芝「財務報告に係る内部統制の開示すべき重要な不備に関するお知らせ」，2015年9月7日

⑮　朝日新聞「『明白な異常』見逃す 長年担当『虚構の安心感』」，2015年12月23日。東芝「公認会計士等の異動に関するお知らせ」，2015年12月22日

⑯　日本経済新聞「独立性に乏しい」，朝日新聞「ウェスチングハウス調査不足」，読売新聞「東芝報告書 低評価」，産経新聞「第三者委員会調査を酷評」，2015年11月27日

第**4**章

東芝 失われた15年

── ウェスチングハウス社 ──

あのゼネラル・エレクトリック（GE）よりも6年も前の1886年に設立され，その株式を早くも1892年にニューヨーク証券取引所に上場したウェスチングハウス（WH）は，20世紀初頭から全米の他社を圧倒する優秀な財務ディスクロージャーを実践していた[1]。そして，WHが1957年に世界で初めて加圧水型原子炉を完成させ，「そのWHから学んだ日本の技術者は多い」とWH買収で最後まで競った三菱重工業の関係者からも聞いていたので，真に"名門企業"であるWHを東芝が買収し子会社化したというニュースに接したとき，私は，驚きかつ東芝の"実力"を再評価したものだった。

しかし，東芝は，そのWHに悩まされ，結局，2017年3月，ニューヨーク州連邦破産裁判所に連邦破産法11条によるWHの再生手続を申し立てた。

本章は，今なお混迷する東芝の最大の原因であるウェスチングハウス社を総括する。

1　原子力事業の海外戦略

(1)　WHを買収

2006年2月，東芝は，54億米ドル（約6,200億円。当時の1ドル115円で換算）を投入してWHを買収した。その際，次のように主張した[2]。

「現在，世界各国において，電力の安定供給と地球温暖化防止の観点から，原子力発電プラントの新規建設や既設プラントのさらなる有効活用などに対する需要が急速に高まっています。世界で稼動中の原子力発電プラントは，現在439基ありますが，21世紀の省資源・循環型社会に適した原子力発電に対する

需要は着実な伸長が予想され，2020年までに原子力発電所は約1.5倍に拡大するものと予想されています。欧米では新規建設を再開する機運が高まり，中国をはじめ高い経済成長を続けるアジア地域でも多くの新規建設が計画されています。

　このような背景のもと，日本市場を中心にBWRに強みを持つ当社の原子力事業と，世界市場においてPWR事業を中心に強みを持つウェスチングハウス社が協力関係を構築することによって，製造，販売，技術面で両社の補完関係が成り立ち，さらに，従来，両社がそれぞれ単独では手がけることが困難だった新たな事業領域にも進出することで相乗効果を発揮することができます。

　ウェスチングハウス社が当社グループの一員となることにより，当社原子力事業の規模は，相乗効果も含めると，2015年までに現状の約3倍に拡大するものと予想しています」

　日本の発電用原子炉は，大きく東芝と日立のBWR（Boiling Water Reactor，沸騰水型原子炉。GEが開発）と三菱重工業のPWR（Pressurized Water Reactor，加圧水型原子炉。WHが開発）に分けられ，シェアは国内では5割ずつであるが，世界では6割強がPWRだとされる[3]。東芝はPWRの技術を持つWHを買収して両方の技術を手中に収め，原発ビジネスで世界に打って出たのである。まさに"社運"を賭けたのである。

　そして，同年10月17日，東芝は「ウェスチングハウス社株式取得の完了について」を発表した[4]。それによると，東芝は，The Shaw Group Inc.（米国の大手エンジニアリング会社）及び石川島播磨重工業（IHI）とともに，WHグループの全株式を約54億ドルで買収した。東芝の持分は77％，The Shaw Group Inc. が20％，IHIが3％である。したがって，東芝の実質的な買収額は（他の2社の持分を控除すると）約4,800億円（6,200億円×77％）と推定される。

　同時に，東芝は，「ウェスチングハウス社〔傍点著者。Westinghouse Electric Co. を含むグループ会社全体のこと。**WHの子会社は約50社とのこと**[5]〕が当社のグループの一員となることにより，当社原子力事業の規模は，現在（2006年）の約2,000億円から，2015年には約7,000億円，2020年には約9,000億円に拡大するものと予想しています」とも報告した。

　なお，グループの中核会社であるWHの2006年10月時点の連結売上高は約20億ドル（約2,300億円）であった〔■WHの連結売上高約2,300億円は意外に少ない。1979年に発生したスリーマイル島原発事故以降，原子力発電所建設は停止されていたからであろう〕。

(2)　WHの脆弱な資産

　そして，東芝は，2007年3月期の有価証券報告書において，WHの買収時点の取得資産と負債の見積公正価値を開示した（**表4-1**）[(6)]。

表4-1　WHの見積公正価値

（単位：百万円）

資産の部		負債及び純資産の部	
流動資産	119,530	流動負債	117,042
償却無形資産	201,677	固定負債	181,320
非償却無形資産			
（ブランドネーム）	50,299	少数株主持分	148,742
のれん	350,785	（取得した）純資産	497,962
その他固定資産	222,775		
資産合計	945,066	負債及び純資産合計	945,066

（注）　東芝2007年3月期の有価証券報告書96頁より作成

　■後に問題になる「のれん」は3,507億円である。それに，償却無形資産と非償却無形資産を加えると合計6,027億円。将来に利益を生み出す能力としてのリスクが高いこれらの資産が全体の約64％を占める。「原子力ルネサンス」といわれる中で三菱重工業と競って買収しただけに「高値つかみ」と揶揄された。

　その後2007年10月，東芝はカザフスタンの国営原子力公社カザトムプロム社へWH株の10％を5億4,000万米ドル（約620億円。同年10月月中平均1ドル115円で換算）で売却した[(7)]。そして，2011年3月の東京電力福島第一原子力発電所事故後の2013年1月，The Shaw Group Inc.からの要請により，同社の100％子会社であるニュークリア・エナジー・ホールディングスが保有するWH株

20％を1,250億円で買い取った〔■東芝との当初の契約により，The Shaw Group Inc. は2006年から６年間はWH株を保有することが定められていた〕(8)。結果として，東芝は「WH子会社化」に約5,400億円を投じたのである（4,800億円－620億円＋1,250億円）。2015年９月末時点で東芝のWH株保有比率は87％（カザトムプロム社10％，IHI ３％）であった。

2　順調な滑り出し。ところが……

　滑り出しは順調だった。**買収直後の2007年にWHは中国で４基，翌2008年には米国でも４基の原子炉建設プロジェクトを受注した**(9)。

　2009年には原子力事業出身でWH買収を指揮した佐々木則夫氏（買収当時は執行役常務）が，西田氏の後任として東芝の社長に就任。同年８月，佐々木社長は，2009年度経営方針説明会において，「2015年度までに新規プラント建設39基受注，売上高１兆円」という計画をぶち上げた(10)。

　ところが，2011年３月，東日本大震災と東京電力福島第一原発事故が発生。同年５月９日の2011年３月期連結決算発表の記者会見で，村岡富美雄副社長は，「2010年度の連結最終利益は1,378億円で過去最高，11年度は東日本大震災の影響で売上高約3,000億円分のマイナスと見込んでいるが復興需要で取り戻す。また，福島第一原発事故の原子力事業への影響については，長期的には影響があるとは考えていない(11)」と述べ，影響は限定的に止まるとの考えを強調した。

　１年後，2012年５月８日，東芝の久保誠専務は2013年３月期の連結営業利益が前期比45％増の3,000億円になると発表，原子力事業については，「海外で原子力を推進する国は多く，安全性見直しで数年の遅れはあっても成長は続く」と強気の発言をした(12)。

　一方で，東芝が2006年にWHを買収した時に資産に計上した「のれん」約3,500億円については（本書57頁），米国会計基準に従って毎年１回の減損テストを実施しているはずである。しかし，福島原発事故による世界的な原発需要の後退にもかかわらず減損を行った形跡がない。メディアは，東芝の抱える減損リスクに関心を寄せていた。2015年４月３日に東芝が特別調査

委員会を設置し，過去の会計処理の適切性を検証すると発表した際，アナリスト
の間では「原発事業の減損ではないか」という観測情報が流れたという(13)。
しかし，東芝はWHに関する情報開示を拒否した。

　そこで，市場関係者は，東芝の不正会計処理の調査を委嘱された第三者委員
会が減損を含むWH社の実情を明らかにするのではないかと期待した。

3　第三者委員会調査報告書のWH案件
──"奥の手"を使った新日本監査法人

　第三者委員会が20頁にわたって詳細に検討するウェスチングハウス（WH）
案件とは，WHが2007年から2009年にかけて，発電所の建設などを納期2013年
から2019年の7年間にわたって，契約金合計76億米ドル（2009年3月度時点の
契約金額約7,500億円。当時の1ドル98円で換算）で受注した巨大プロジェクトで
ある(14)。

　6頁の工事進行基準に係る売上高の算式を見よう。本件は，算式の分母で
ある見積工事原価総額の過少見積り，したがって，工事収益（売上高）の過大
表示に係る問題である。

　プロジェクトの設計変更や工事遅延などにより工事原価が高騰し，これまで
の見積工事原価総額に，さらに2013年度第2四半期に385百万米ドル（損益へ
の影響額▲276百万米ドル），第3四半期に401百万米ドル（同▲332百万米ドル）
を加算しなければならないとの報告がWHから東芝にあった。驚いた東芝は，
専門家チームを編成し米国に派遣，その結果，第2四半期に69百万米ドル
（損益への影響額▲50百万米ドル）を，第3四半期に293百万米ドル（同▲225
百万米ドル）を加算することを決定した。

　WHの見積工事原価総額の増加計上はWHの会計監査を担当するErnst &
Young（以下「米国EY」）の強力な主張に基づくものであったが，東芝の上記
のような決定の結果，2013年度第2四半期においては316百万米ドル（385百万
米ドル−69百万米ドル。損益への影響額▲226百万米ドル），第3四半期においては
108百万米ドル（401百万米ドル−293百万米ドル。同▲107百万米ドル）の差異が
生じることになった。

　そこで，米国EYと提携関係にある東芝の監査人新日本監査法人は，第2四半期の東芝による見積工事原価総額の増加見積値69百万米ドルにさらに167百万米ドル（損益への影響額▲114百万米ドル）を加算することを決定した〔■**新日本が加算すべき金額を「167百万米ドル」とした理由は何か？**〕。

　ただし，開示する第2四半期の連結財務諸表の金額は東芝の主張する69百万米ドルを加算した見積工事原価総額に基づくものとし，167百万米ドルについては新日本東芝監査チームの監査調書に「財務諸表には損益インパクトへの影響額114百万米ドル〔当時の1ドル120円で換算すると約137億円〕の虚偽表示がある」と記録することになった。これを「未修正の虚偽表示」という。

　未修正の虚偽表示とは，財務諸表監査で発見された虚偽表示のうち，修正されなかった虚偽表示のことである。財務諸表監査の目的は，すべての虚偽表示を発見することではなく，全体として重要な虚偽の表示がないかどうかを監査することであるため，<u>未修正の虚偽表示に重要性がなければ</u>，必ずしも財務諸表を修正する必要はない。したがって，未修正の虚偽表示は公表されない。

　そして，2013年度第3四半期においても，新日本は，米国EYが主張する401百万米ドルに対して東芝が提案した293百万米ドルを容認した。その結果，第3四半期の連結財務諸表も東芝案が発表され，損益への影響額▲107百万米ドル，約128億円が未修正の虚偽表示として新日本東芝監査チームの監査調書に止められ，明らかにされなかった。

　一方，第三者委員会は，2013年度第2四半期については，東芝による見積工事原価総額の増加見積値の削減評価額（69百万米ドル）は十分な根拠がなく，WHによる報告値である385百万米ドルを織り込むべきであったと判断，また，第3四半期の会計処理についても，「第2四半期以降，外部専門家も活用しつつ東芝とWHの合同での精査を経たものであったことからすれば，相当程度合理性のある見積りというべきであり」（調査報告書93頁），東芝採用値293百万米ドルには具体的な根拠がないため，WHから報告された401百万米ドルを採用すべきであったと結論した。

■2013年度第２四半期において，なぜ，新日本監査法人は「167百万米ドル」という金額を見積工事原価総額に加えるべきだと判断したのだろうか。おそらく，新日本も米国EY案の385百万米ドルを受け入れたかったに違いない。しかし，東芝は69百万米ドルの加算については受け入れつつも，残りの316百万米ドルについては頑なに拒否した。

　新日本東芝監査チームのトップは苦慮した。316百万米ドル（損益への影響額▲225百万米ドル）が第２四半期の財務諸表にとって重要でなければ，つまり，新日本が設定する「重要性の基準値」の範囲内であれば，未修正の虚偽表示として処理することができる。しかし，316百万米ドルに係る損益への影響額▲225百万米ドル，約270億円という金額はあまりにも大きく重要性の基準値の範囲に収まらない。そこで，重要性の基準値の範囲に収まる最大限の金額を167百万米ドルと算出，それを未修正の虚偽表示として処理し（損益への影響額▲114百万米ドル。約137億円），残りの149百万米ドル（385百万米ドル－69百万米ドル－167百万米ドル）の見積工事原価総額については，米国EYの評価が過大であると判断，切り捨てたのである。

　なお，2013年度第３四半期については，新日本は，米国EYが主張する401百万米ドルに対して東芝が提案した293百万米ドルを認めた。それは，両者の差額108百万米ドル（損益への影響額▲107百万米ドル。約128億円）は重要性の基準値の範囲内に収まるからである。

　このように，新日本監査法人は，第２四半期，第３四半期とも未修正の虚偽表示という"奥の手"を使って東芝に「譲歩」し，一部，米国EYの顔を立てつつ，すべてを内部処理したのである。

　結果として，東芝の主張が全面的に通った。東芝としては，四半期の業績向上をアピールし，同時に，次章で検討する財務制限条項への抵触を回避するためにも，利益のマイナスへの影響は絶対に避けねばならず，「力」で押し切ったのである。当時の東芝は，それほど追い込まれていた。

　繰り返すが，新日本が損益への影響額2013年度第２四半期約137億円，第３四半期約128億円を未修正の虚偽表示として監査調書での記載に止め，

東芝の第2，第3四半期連結財務諸表について無限定の結論を表明した理由は，新日本が約137億円及び約128億円のそれぞれの虚偽表示は重要性の基準値の範囲内にあり，各四半期の財務諸表全体にとっては重要ではないと判断したからである。

　では，そもそも新日本は東芝の当該期間における「重要性の基準値」をいかなる金額に設定していたのだろうか？　残念ながらそれは公表されていない。わが国の監査実務指針である「監査基準委員会報告書」（320 A-3，A-6）は，重要性の基準値の指標について，「税引前利益の5％」を例示しているが，売上高や売上総利益などを指標とすることも許容している。最終的には監査人が判断するのであるが，いずれにしてもそれを開示することは求められていない。現代公認会計士監査の重要な問題点の1つである。なお，オランダと英国では「重要性の基準値」を監査報告書に明示することが求められているが[15]，米国はその開示に反対している。

　上記のように，第三者委員会調査報告書は，WHについては工事進行基準に係る見積工事原価総額の意図的な過少計上についてのみ取り上げ，肝心の減損情報を含むWHの全体状況についてはまったく触れなかった。すでに明らかにしたように，東芝がWHの問題を第三者委員会への委嘱事項とはしなかったからである（本書42頁）。東芝はWH情報を隠し続けた。

4　週刊誌の「力」

　しかし，東芝は，有力週刊誌によってじわじわと追い詰められていた。
　『週刊エコノミスト』は，第三者委員会の報告書の全文が発表された2015年7月21日，「東芝の資料を見る限り，これまでにウェスチングハウスへの投資に対する巨額の減損が行われた形跡はなく，東芝広報IR室も投資そのものについて減損していないという。ウェスチングハウスの投資評価が，東芝の財務に大きな影響を与える可能性は高い[16]」と伝えた。
　『週刊朝日』（2015年7月31日発行）は，WHののれん代は4,000億円ともいわれているが，「減損すれば大赤字だ。そうなると，東芝の2011年3月期に計上

されていた5,000億円の『繰延税金資産』〔**表5−1**，本書82頁〕も取り崩す必要性が出て，債務超過となる危険性もある。…… 原発事業の損失を他部門で埋めようとした焦りが，今回の水増しの動機になったとみられるのだ[17]」と指摘する。

『週刊ダイヤモンド』（2015年8月1日号）は報じる。「東芝への信頼が失墜した今，取引先，競合メーカー，市場関係者，監査業界などあらゆる目が，WHの減損リスクを追い掛けている。これまでの会計判断に不正はなかったのか ─。彼らの目はそう問いかけているのだ。

その先に見え隠れするのは，最悪の"連鎖シナリオ"だ。WHののれん減損を迫られた上，東芝が大幅な赤字に陥り，その影響で繰延税金資産の取り崩しにまでつながってしまうというものだ。…… のれんと繰延税金資産の二つの脆弱な資産だけで株主資本の7割も占めている状況だ。巨額減損という最悪のシナリオが起きると，財務は一気に窮地に陥ってしまい，不正会計のインパクトをはるかに上回る可能性がある[18]」

『日経ビジネス』（2015年8月31日）は言う。「東芝が描いた『原発輸出』のシナリオは，福島第一発電事故で木っ端みじんに砕け散り，東芝には巨額ののれんと繰延税金資産が残った。東芝が続けてきた不正会計はこの負の遺産を隠す行為だったのではないか[19]」

『週刊東洋経済』（2015年9月26日）は問う。「東芝は従来同様，WHに関連する資産評価の正当性を唱え，室町正志社長も，『現在のところ，資産の帳簿価値を回収できない可能性を示す事象や状況変化は生じていない』とする。はたして，その言葉は本当に信用できるのか。投資家の間で不信感は依然くすぶり続けている[20]」

このような状況において，2015年11月12日，東芝は，ウェスチングハウス（WH）が，原発建設の不調などで2年半前の2013年3月期に約1,100億円，2014年3月期に約500億円，計1,600億円の減損損失を計上していたことを「突然」発表した。一方で，WHは定期点検や大型機器交換，計測制御システムの更新，原発の燃料供給などの事業では安定した収益を上げているので，東芝本体としては資産に計上している「のれん代」などは減損の必要がない

と判断，東芝の連結業績には反映しなかった，とも伝えた。メディアの関心は一挙に高まった[21]。

4日後の11月16日発行の『日経ビジネス』は，次のように報じた[22]。

「『（2013年度に）顕著にポジティブな案件が出てこない以上，連結ベースで減損判定をせざるを得ない』という意見が米国EY内部で強まった。『過去数年間新規受注がなく，キャッシュフローが減少』し『事業計画が毎年遅延』しているため，WHでは『買収時に算定した54億ドルのフェアバリュー〔fair value, 公正価値〕が維持できているとは思えない』というのが，EYの主張だった（『　』は東芝電力部門幹部のメール）」

「東芝経営陣が最も恐れていたのが，WHの巨額減損が本体に飛び火すること。東芝はWHが計1,600億円も減損したにもかかわらず，連結決算に反映していない」

そこで，「2014年3月，東芝の財務部門で『連結ベースでの影響極小化に向けた対応』が始まった。…… その後，東芝社内では『新日本が受け入れるための"屁"理屈』（東芝電力部門幹部のメール）を考える動きが活発化する。…… 瀬戸際の危機を前に，東芝は2つの『奇策』を打った。一つは，減損判定の手法を変えること，もう一つは，収益の日米合算化である」

2つの奇策の前者について，『日経ビジネス』は言う。「東芝は<u>これまでは連結とWH単体の事業価値を判定する際</u>，将来のキャッシュフロー予測〔インカムアプローチという〕と同業他社の株価などをベースに予測する〔マーケットアプローチという〕<u>2つの手法を使っていた</u>。だが，<u>巨額減損の頃から</u>連結については将来のキャッシュフロー予測だけの判定に変えた。なぜなら，『将来のキャッシュフローを使う方が事業価値を大きく測定しやすい』（大手監査法人の会計士）からだ」〔■**最初の下線部分（著者）の「これまでは『連結』でも2つの方法を使用していた」との指摘は私には確認できない。後の「巨額減損の頃から」は曖昧である**〕。

もう1つの奇策である収益の日米合算化について。「東芝は2014年度からWH事業と本体の原子力事業を統合。WH単体ではなく，日米の原子力事業一体で将来のキャッシュフローの予測を立てるようにした。そうすることによって将来のキャッシュフロー収入が大きくなり，減損リスクを小さくする

ことができるからである」

　■『日経ビジネス』は２つの「奇策」についてこれ以上は触れていないが，これらの情報は東芝の「秘密事項」で一部の者しか知らないはずである。そして，同誌は，上記以外にも，東芝副社長の久保誠氏（当時CFO）が米国EYのWH監査体制を一新するよう新日本東芝チームの最高責任者に「圧力」を掛けたメールなども紹介している（これに応えて，新日本はEYにおける監査担当者をKという日本人に代えた）。

　本誌「時事深層 東芝 米原発赤字も隠蔽」は，まさに「深層」に迫る記事であり，"スクープ"に値する。東芝経営陣は「衝撃を受けた」に違いない。

5　東芝，原子力事業とWHの減損処理の情報を開示

　もはや隠し通せない。絶体絶命の窮地に追い込まれた東芝は，11月27日，「電力・社会インフラ事業グループ 主要案件に関するご説明」というタイトルの文書（以下「11.27東芝文書」という）を発表せざるを得なかった[23]。文書作成の責任者は，代表執行役副社長 志賀重範氏である（志賀氏については本書101，103頁参照）。

　この文書は，これまでの東芝の秘密体質を払拭するかのごとく全30頁からなる詳細なもので，中心は東芝の原子力事業の経緯と現状，WHの「のれん」の減損，それに今後の原子力事業計画についてである。少し長くなるが，WHの実態を明らかにしているので，この「11.27東芝文書」を検討しよう。

⑴　東芝全体の原子力事業の実績 ──"意外"にも好調！

　まず，WH買収以降のWHとWH外を含む東芝全体の原子力事業の連結実績は，次頁の**表４－２**のとおりである（建設部門はWHの事業）。

表4－2 東芝原子力事業の連結実績

（単位：億円）

	売上高			営業利益		
	（燃料・サービス，建設）			（燃料・サービス，建設）		
2006年度	2,788	(2,714,	74)	182	(218,	▲ 36)
2007年度	4,612	(4,318,	294)	294	(357,	▲ 63)
2008年度	5,165	(4,392,	773)	333	(342,	▲ 9)
2009年度	6,137	(5,243,	894)	416	(413,	3)
2010年度	6,265	(5,258,	1,007)	535	(521,	14)
2011年度	6,069	(5,130,	939)	452	(447,	5)
2012年度	5,737	(4,944,	793)	147	(244,	▲ 97)
2013年度	5,621	(4,858,	763)	▲358	(▲162,	▲196)
2014年度	6,178	(5,431,	747)	▲ 4	(82,	▲ 86)
2015年度	6,554	(5,766,	788)	376	(442,	▲ 66)
累計	55,126	(48,054,	7,072)	2,373	(2,904,	▲531)

（注）　売上高と営業利益の（　）は，前者が「燃料及びサービス」3事業，後者が「新規建設」事業に係るものである。2015年度の数字は2017年2月14日東芝発表文書による（本書115頁注26）

　表4－2が示すように，東芝全体の原子力事業の売上高は，2006年のWH買収以降順調に推移し，2011年3月期（2010年度）には売上高6,265億円を計上した。WHが請け負う新規建設事業の売上高も徐々に拡大し2010年度には1,000億円を突破した。しかし，売上高全体の主力は，明らかに燃料及びサービスの3事業である。

　2011年3月11日，東京電力福島第一原発事故が発生。以降，売上高は右肩下がりに転じたが，巷間伝えられているほどは減少していない。むしろ，2014年度は6,178億円，2015年度は6,554億円と最高を記録している。

　■原子力事業全体の2015年度の売上高は6,554億円。2006年10月時点で西田社長は2015年には売上高約7,000億円と予想したが，ほぼそれに近い実績である（本書56頁）。その主たる理由は，1957年から約100基建設した国内外の原子炉に係る運転サービスや取替燃料の補給サービスが好調だったからで

ある（「11.27東芝文書」13頁）。<u>なお，新規建設事業の売上高の拡大は，新たな案件の受注に係るものではなく，すでに受注している中国案件と米国案件に係る工事進行基準の適用によるものと推測する。</u>

　主力の3事業とは，①サービスビジネス，②燃料ビジネス，③廃炉ビジネスであるが，中心となる①サービスビジネスは，定期点検（機器・設備の定期点検，溶接補修，故障部品交換，燃料交換作業サービス），大型機器交換（原子炉容器上蓋，タービン，発電機など），計測制御システム更新（アナログ装置からデジタル装置に交換，計測機器故障対応など）で，年間160〜200件のプロジェクトを遂行，3事業全体の売上高の約70％弱を占める。②燃料ビジネス（燃料成型加工）は，米国中心に欧州市場や他社原子炉への供給などで約30％弱，③廃炉ビジネス（解体前除染，機器解体・撤去，建屋解体など）は，欧州を中心に約5％程度である。

　営業利益については，売上高の増加に伴って，2010年度には535億円を計上，10期のうち8期において黒字であった。しかし，テキサス州の原発プロジェクト（STP）で2013年度310億円，2014年度410億円の減損損失を計上したため，2013年度は358億円，2014年度は4億円の営業赤字に陥った（STPについては本書104頁で説明する）。2015年度までの10年間累計では，2,373億円の営業黒字である（年平均237億円）。ただし，指摘すべきは，<u>原発事業発展の核となる新規建設事業は2006年のWH買収以降2015年度までの10期のうち8期において営業赤字で，累計531億円の損失である</u>。2007年の中国での4基と2008年の米国での4基を除いて，受注実績0だったからである。

(2)　WHの実績 ―― 減損処理後は営業赤字

　次に，WHの業績は，**表4−3**のとおりである。これは，東芝の連結決算上の数字なので，WHが単体で計上した2012年度の減損損失▲926百万米ドル（762億円），2013年度の同▲394百万米ドル（394億円）は含まれていない。

表4-3　WHの連結決算上の実績

（単位：億円）

	売上高			営業利益		
		（燃料・サービス，建設）			（燃料・サービス，建設）	
2006年度	1,311	(1,237,	74)	14	(50,	▲ 36)
2007年度	3,138	(2,844,	294)	108	(171,	▲ 63)
2008年度	3,408	(2,635,	773)	104	(113,	▲ 9)
2009年度	3,873	(2,979,	894)	134	(131,	3)
2010年度	3,937	(2,930,	1,007)	200	(186,	14)
2011年度	3,811	(2,872,	939)	155	(150,	5)
2012年度	3,957	(3,164,	793)	90	(187,	▲ 97)
2013年度	4,091	(3,328,	763)	▲115	(81,	▲196)
2014年度	4,232	(3,485,	747)	156	(242,	▲ 86)
2015年度	4,564	(3,776,	788)	217	(283,	▲ 66)
累計	36,322	(29,250,	7,072)	1,063	(1,594,	▲531)

（注）　売上高と営業利益の（　）は，前者が「燃料及びサービス」3事業，後者が「新規建設」事業に係るものである。2015年度の数字は2017年2月14日東芝発表文書による（本書115頁注26）。

WHの2006年度の売上高1,311億円は9年後の2015年度には4,564億円と約3.5倍に拡大した。その要因は明らかに燃料及びサービス事業であり，新規建設事業は2010年度1,007億円を頂点に700億円台に停滞していた。営業損益は，10期累計1,063億円（年平均106億円）の営業利益であるが，そのうち燃料及びサービス事業が1,594億円で，新規建設事業は3期においてわずかの黒字を計上したものの，累計ではすでに指摘したように▲531億円の営業損失である。

なお，WH単体では減損損失を2012年度926億円，2013年度394億円を計上したが，連結の営業利益には反映させていない。これらを考慮すると，WHの営業損益は10期累計▲257億円（1,063億円－926億円－394億円）の赤字である。

(3)　WHの「のれん」の減損 ──"危うい"会計処理

続いて，WHにおける「のれん」の減損処理についてである。

　WHは，2012年度（2013年3月期），4つのプロダクトライン（「新規建設」「点
検サービス」「燃料」「オートメーション（制御システム）・フィールドサービス」）
別に，「インカムアプローチ」（将来の利益予想やキャッシュフロー予想に基づい
て企業価値を評価する方法）による減損テストを実施。新規建設について
677百万米ドル（約677億円），オートメーションについて249百万米ドル（約
249億円），計926百万米ドル（約926億円）の減損損失を計上した。

　一方，連結決算においては，WH全体を対象にインカムアプローチによる
減損テストを実施，時価は6,243億円と評価，簿価は5,671億円，時価が簿価を
上回っているので減損損失は計上しなかった。

　翌2013年度（2014年3月期）においては，WHは4つのプロダクトライン別
にインカムアプローチと新たに「マーケットアプローチ」（同業他社の株価や
類似の買収事例などに基づいて企業価値を評価する方法）を加え，両法を併用
して減損テストを実施，新規建設のみ394百万米ドル（約394億円）の減損損失
を計上した。なぜマーケットアプローチを新たに採用したのかについては，
東芝は「外部専門家のアドバイスも得た上で，監査法人とも協議しながら評価
を実施した（下線著者）」と指摘した。

　■下線部分について。『週刊エコノミスト』は，WHが1913年度に「インカ
ムアプローチ」と「マーケットアプローチ」の2つの手法を組み合わせ，その
割合を「3対1」として評価したと指摘している[24]。この「3対1」につい
ては，東芝の原子力部門経理担当者と監査法人以外には知らないはずである
（もしかすると監査法人も把握していなかったかもしれない）。もしこれが事実と
するならば，『週刊エコノミスト』の証拠入手ネットワークにも驚かされる。

　一方，連結決算においては，WH全体を対象に，これまでと同様インカムア
プローチによる減損テストを実施，時価は5,467億円と評価，簿価は5,428億円
なので，減損損失を計上しなかった〔■時価と簿価の差はわずかに39億円。
時価の評価は妥当か？　本書72頁参照〕。

　WH全体の評価においてマーケットアプローチを併用しない理由について，
東芝は，「全社収益は，安定した燃料・サービスが主体で，一部に新規建設
は受注時期ずれ等の変動要因があるが，全体でのキャッシュフロー計画は
ボラタリティ〔volatility，資産価格の変動の度合いをいう〕が高くなく，マーケット

アプローチを用いた評価までは必要ない」と説明した。

　そして，2014年度（2015年3月期）の減損テストについては，東芝の原子力事業とWHの4事業を合体させた全体の「公正価値」を約8,100億円と評価，「簿価」は約7,300億円，公正価値が簿価を上回っているので，減損テストは"Pass"と判定した。「のれん残高」は2014年9月末3,235億円である。

　なお，WHについては，プロダクトライン別の公正価値算定の評価方法として，インカムアプローチとマーケットアプローチを併用，東芝連結は，従前どおりインカムアプローチのみを採用。また，上記のWHの公正価値約8,100億円の算定に当たっては今後15年間で64基相当を受注することを前提としたという。そして，「外部専門家のアドバイスも得た上で，監査法人とも協議しながら評価を実施した（傍点著者。本書72頁参照）」と付記した〔■下線部分について。「今後15年間で64基相当」，つまり，毎年平均4基強を受注することの前提により公正価値は膨らむ〕。

(4)　原子力事業計画 ── 本気か？

　そして，今後のWHとWH外を含む東芝全体の原子力事業計画については，連結売上高は，2015年度（2016年3月期）6,600億円（燃料及びサービス5,900億円，WHの新規建設700億円），2016年度6,500億円（うちWHの新規建設400億円），2017年度6,400億円（うち新規建設は600億円）〔■新規建設はこれまで受注した8基の工事進行基準の適用によるもので，新たな建設計画は0である〕。2018年度から2029年度の12年間においては年平均1兆4,000億円（燃料及びサービス8,100億円，新規建設5,900億円）を見込む。

　連結営業利益については，2015年度300億円（うちWHの新規建設は▲100億円の赤字），2016年度400億円（うち新規建設は▲100億円），2017年度500億円（うち新規建設は0円），2018年度から2029年度の12年間においては年平均1,500億円（うち新規建設は600億円）を見込む，とした（下線著者）。

　■東芝は自らが発表した実績と原発に対する世界の拒否反応が強い中で，下線部分のような計画，特に新規建設売上高年平均5,900億円は「今後15年間で64基相当の受注」を前提としたものであるが，それが達成可能と本気で考えていたのだろうか。

(5)　各紙の反応

　この「11.27東芝文書」について，翌日の毎日新聞は，2006年度から2015年上半期までの売上高の「折れ線グラフ」と同期間の営業損益の「棒グラフ」を示すことによって2012年度以降の業績の落ち込みを明示し，世界で400基以上ある原発計画のうち，WHで64基の受注を目指すという東芝の方針について，現状は原発事故以降，受注ゼロが続いており，甘い見通しだと報じた[25]。

　朝日新聞は，WH買収後の2007年度から2015年度までの売上高と営業損益の実績（2015年度は上半期）それに2016年度以降の計画値をグラフで示し，2011年３月の福島第一原発事故後の利益の落ち込みを指摘するとともに，WHの損失を東芝の連結決算に反映しなかった根拠については不透明さを残したままだと伝えた。そして，「のれん代」〔2014年９月末3,235億円〕の評価は事業計画に依拠しているが，東芝が過去に作った事業計画を公表しないことを批判した[26]。

　読売新聞も，新規建設の売上高が2015年度の700億円から，2018〜29年度は年平均約5,900億円に急拡大すると見込んでいるが，東日本大震災の影響で原発の建設は世界的に滞っており，投資家からは「強気な数字を出して，また減損することにならないか」と疑問視する声も上がった，と伝えた[27]。

　■この「11.27東芝文書」の作成責任者は東芝原子力事業の「実力者」志賀重範副社長であるが，東芝の取締役会はこの重要な議題についていかなる議論を戦わせたのだろうか？　第６章で検討する。

6　利益の捻出？

(1)　減損テストの変更

　すでに紹介したように，のれんを含む固定資産の減損テストの手法には，「インカムアプローチ」と「マーケットアプローチ」の２つの方法がある。インカムアプローチは，事業計画の前提となる資材費の高騰やストライキなどによる人件費の増加などにより，指標となるキャッシュフローの予測が大きく変動する。マーケットアプローチは，株式の時価や企業買収事例などをベースにするので比較的安定性がある。

　「11.27東芝文書」によると，2つの手法は，WH単体と連結において，表4-4のように適用された。

表4-4　**減損テストの手法**

	2012年度	2013年度	2014年度
WH単体	インカムAP	インカムAP＋マーケットAP	同左（継続）
連　結	インカムAP	同左（継続）	同左（継続）

　さて，注目すべきは，2013年度における減損テストの手法の変更である。

　上述したように，インカムアプローチは測定者の恣意性が入りやすいという弱点があり，マーケットアプローチは安定性をもつ。WHの監査人である米国EYはWHを取り巻く厳しい状況をより的確に反映するために，両手法の併用を求めた〔■おそらく時価評価額は下がる〕。東芝は米国EYに対してWH単体でもこれまでどおりのインカムアプローチのみで済ませたいと打診したが，受け入れられなかったという[28]。

　一方，連結では，2013年度の減損テストもインカムアプローチのみを実施。同じ企業グループ内で減損テストの基準が異なることは，通常はあり得ない。

　日経ビジネスの記者小笠原啓氏は，次のように指摘する[29]。

　「2014年4月16日の東芝電力部門の幹部がWHの幹部らに宛てたメールによると，『東芝連結で①インカムアプローチと②マーケットアプローチを適用すると時価が52億ドルになり，減損テストをクリアできない。一方で，①のみを使えば『54億ドルの公正価値が算出』される可能性がある ……。結果，2013年度の減損テストでWHの公正価値〔時価〕は54億6,700万ドルと算出された。時価と簿価の差はわずか3,900万ドル〔39億円〕と，まさに首の皮1枚。東芝はこうした手法を駆使して，連結での減損処理を回避した（下線著者）」〔■下線部分の「54億6,700万ドル」については，「11.27東芝文書」も「時価54億6,700万ドル」「帳簿価額54億2,800万ドル」であることを認めている（本書69頁）〕。

　なお，小笠原氏は，上記①のみの使用を東芝に"耳打ち"したのは新日本監査法人のK氏〔本書65頁〕だった，とも言う。

　■東芝が2013年度に連結でインカムアプローチをこれまでどおり継続した
理由は，小笠原氏が指摘するように，WHに合わせて両方法を併用すると，
減損処理をしなければならなかったからであろう。

　WHが1913年度に原発事業の４つの分野において２つの手法を組み合わせ，
東芝連結では１つの手法を選択したことの妥当性や，東芝が2014年度におけ
る原子力事業部とWH事業部を一体化したことの妥当性については，監査法人
が判断する。東芝が準拠している米国会計基準は，のれんを含む無形資産の
減損テストの評価単位を被監査会社の事業管理単位としているため，会社の
管理単位の変更によりのれんの減損テストの評価単位の変更も生じる（FASB
Accounting Standards Codification 350-20-35-37）。

　結果として，東芝の会計処理（変更を含む）は米国会計基準やわが国の会計
基準に反するものではないが，利益を捻出しようとする意図が窺えることは
確かである。

(2)　固定資産の減価償却方法の変更

　WHには関係ないが，次の事実も指摘しておこう。それは，東芝が2013年
４月１日（2013年度）より，東芝及び国内子会社における有形固定資産の減価
償却方法を，これまでの定率法から主として定額法に変更したことである。
その理由については，東芝は，次のように言う[30]。

　「当社グループは，当連結会計年度より開始した『2013年度中期経営計画』
において，注力分野の明確化による安定収益基盤の確立，拠点最適化や海外
M&Aを始めとしたグローバル事業展開の加速を継続的に推進しています。
これらの施策により，海外にける最適地生産および国内製造拠点のスリム化が
進み，高付加価値品の生産に特化することで，より安定的な収益が見込まれ
ます。また，国内既存設備については，拠点集約により設備稼働が平準化され，
設備投資計画についても，既存設備の更新及び合理化を中心に予定しており，
今後の設備稼働は安定的に推移することが見込まれるため，国内における
有形固定資産の減価償却の方法を定額法に変更することがより適切な原価配分
を可能にすると判断しました」

　新日本監査法人は，この減価償却方法の変更を「正当な理由」に基づくもの

と認めた。

　■有形固定資産の減価償却方法を定率法から定額法に変更するケースは2020年３月期までの５年間で上場企業の200社以上に見られ，ほとんどの変更が当期純利益の拡大をもたらしている(31)。問題は，なぜ当該期間に変更するかであるが，その理由を，多くの企業は「構造改革・投資計画・生産体制見直し」と「新規設備導入を契機に使用実態を見直した結果」と記している。

　東芝が減価償却方法を定率法から定額法に変更する理由は日本公認会計士協会が定める「会計方針の変更による正当な理由(32)」に合致していることは認めるが，その結果，東芝の2014年３月期の連結当期純利益は240億円増加し508億円となったのである。追い込まれた東芝は，ありとあらゆる手段により利益の捻出を考えていたのである。

7　まったく予期せぬ巨額債務の顕在化

　すでに指摘したように，WH買収直後の2007年には中国で４基，翌08年には米国でも４基の新規原発プラント受注に成功，順調な滑り出しであった。

　しかし，事実はまったく別の状況にあった。その米国の事情について，東芝が2017年２月に発表した文書に基づいて検討しよう(33)。

　なお，中国４基（三門サイト２基，海陽サイト２基）については，同文書は「三門サイトの２基のうち１号機に関しては2016年12月高温試験終了。運転開始までの主要なマイルストーンは，燃料装荷と試運転を残すのみ」と記しているが，他の１基と海陽サイトの２基に関してはまったく触れていない。受注してから９年経過しても稼働していないことは事実であった。

　WHは2008年４月ジョージア州で２基，同年５月サウスカロライナ州で２基，計４基（「新型加圧水型原子炉（AP1000）」）の原発建設を受注した。この時，WHと共同で４基を受注したのがWHのパートナーであるThe Shaw Group Inc.（本書56頁）を親会社とするストーン＆ウェブスター（S&W）である。WHは原子炉・タービン系設備などを，S&Wは建築・土木，ヤード設備などを担当した（なお，The Shaw Group Inc.は，2013年３月，エネルギー建設最大手の

コングロマリットであるChicago Bridge & Iron Co.（以下，CB&I）に買収された）[34]。

　ところが，その4基について，すぐには着工できなかった。それは，米原子力規制委員会（NRC）が，WHの進める「AP1000」の安全性などを厳しく審査し，数度の設計変更や追加安全対策なども求めたからである。

　2011年3月の福島第一原発の事故を受けてNRCの規制はいっそう強化され，許認可審査のやり直しなどを経て，建設運転一括許可を得たのは2012年1月，建屋建築工事が始まったのは2013年である。受注からすでに5年を経過，当然，予算を上回るコストが発生した。その追加費用をどこが負担するかで折り合いがつかず，原発発注先，WH，S&W，CB&Iとの間で2011年から訴訟合戦が始まった。

　そこで，東芝は，2015年12月，CB&IからS&Wを"0ドル"で買収しWHの子会社化することによってCB&I及び原発発注先との対立関係を解消し，原発建設完工に注力することを決定した[35]。

　ところが，である。

　買収後，買収時に認識していなかった膨大なコスト負担が判明したのである。詳細見積りを買収後に入手していたからだ〔■なんともお粗末。その後，WHは，損失約20億ドル（約2,200億円）をCB&Iに穴埋めしてもらおうと，独立した会計士がS&Wの過去の会計処理を調べることを求めたが，2017年6月27日，米デラウェア州最高裁は，契約の仕切り直しになるとして認めず，WHの敗訴を言い渡した[36]〕。

　結局，東芝は2016年12月27日，「S&W買収に係りWH及び東芝連結ベースで約8,700万ドル（約105億円）ののれんの計上を想定していたが，コストの大幅な増加により資産価値が当初の想定を大幅に下回り，必要なのれんの計上額が数十億米ドル規模（数千億円規模）となる可能性があり，このれんの一部または全部を減損処理する」と発表せざるを得なかった[37]。

　この巨額損失リスクの発覚に関して，日刊工業新聞は，次のように伝えた[38]。

　「サウスキャロライナ州のスキャナ電力VCサマー発電所では，1日4,300人の作業員が動員されるというケタ違いの大きさ。1日当たりのコストは最低500万ドル超との指摘がある。仮に100日の遅れが生じると5億ドル，ジョージア州のサザン電力のボーグル発電所を加えると100日の遅れで10億ドルとなる。

この試算が正しければ，日々の工事遅延が東芝とWHを蝕（むしば）んでいく状況だ」

　そして，2017年2月14日，綱川智社長は，「S&W買収に伴うのれんの計上額6,253億円」と「既存ののれん残高872億円」の合計7,125億円の全額を2017年3月期で減損処理する見通しであると発表，当期純損益に▲6,204億円の影響があると指摘した。さらに，**同社長は，WHの株式を売却し2017年度中をめどに連結対象から外し，加えて海外の原発事業から撤退する方針であると表明したのである**[(39)]。

8　"爆弾"が破裂 ── ウェスチングハウス社破綻

　2017年3月29日，ウェスチングハウス（WH）と米国外の事業会社群の持株会社である英国の東芝原子力エナジーホールディングス（TNEH（UK））は，ニューヨーク州連邦破産裁判所に連邦破産法11条による再生手続を申し立てた。東芝は，次のように言う[(40)]。

　「現在，WHグループは再生手続に則っての事業再編を念頭に置きながら，当面現行事業をこれまでどおり継続する予定としております。…… 当社とWHグループは建設中の米国原子力発電所2サイトの顧客である各電力会社との間で，本手続申立後の当面の米国原子力発電所建設プロジェクトの作業継続につき合意を目指して協議しております。また，関係各社が包括的な合意形成に向けて，協議を継続する当面の間は電力会社が建設コスト等を支払うことを前提としております。

　再生手続の開始により，WHグループに対する当社債権の全部又は一部については連邦破産法に則った処理がなされます。また，WHグループは再生手続の開始により，当社の実質的な支配から外れるため，2016年度通期決算より当社の連結対象から外れることになります。

　WH及びTNEH（UK）の負債総額は9,811百万米ドル（2016年12月31日現在，うち1,287百万米ドルは当社を含む当社グループに対する債務），当社グループのWH及びTNEH（UK）に対する債権（2017年2月末現在）は，総額約1,756億円です」

　結局，東芝は2017年３月期の連結決算において，WHとTNEH（UK）の再生手続の申し立てに係る処理を含み，のれんの減損▲7,316億円，固定資産の減損▲1,142億円，貸倒損失▲2,421億円，親会社保証金の支払い▲6,877億円（本書103頁参照），その他損失▲806億円，連結除外益4,620億円，合計▲１兆3,942億円を計上，連結当期純損益は▲9,656億円というわが国製造業で過去最悪の巨額赤字となった（それまでのトップは日立の2009年３月期の7,873億円）[41]。その結果，債務超過（2,757億円）に陥ったのである。

　第三者委員会が調査の対象とした2008年度から2014年度第３四半期までの「利益のかさ上げ」（４つの事項に係るもの）という粉飾決算とWHとの直接的因果関係は見出せない。しかし，原子力事業の失敗と今なお迷走する東芝の最大の原因が，ウェスチングハウスにあったことはまったくの事実である。

注 ──────────

⑴　拙著『アメリカ監査論 ─ マルチディメンショナル・アプローチ＆リスク・アプローチ』中央経済社，1994年，145頁。拙著『財務ディスクロージャーと会計士監査の進化』中央経済社，2018年，251－278頁

⑵　東芝「ウェスチングハウス社株式取得による原子力事業の強化について」，2006年２月６日

⑶　『AERA』「もう『廃炉』にかけるしかない」，2017年４月17日，28頁

⑷　東芝「ウェスチングハウス社株式取得の完了について」，2006年10月17日

⑸　「WHの子会社は約50社」についての指摘は，読売新聞のみに見られる。読売新聞「東芝 情報開示また後手」，2015年11月18日

⑹　東芝2007年３月期有価証券報告書，2007年６月25日，96頁

⑺　World Nuclear News "Kazatomprom buys 10% stake in Westinghouse," October 22, 2007

⑻　東芝「米国ショー・グループからのウェスチングハウス社出資持分の取得に関するお知らせ」，2013年１月７日

⑼　『週刊東洋経済』「くすぶり続ける米WH減損リスク」，2015年９月26日，53頁。東芝「2016年度第３四半期および2016年度業績の見通し並びに原子力事業における損失発生の概要と対応策について」，2017年２月14日，11頁

⑽　東芝代表執行役社長佐々木則夫「2009年度経営方針説明会」，2009年８月５日，22－23頁

⑾　日本経済新聞「東芝 村岡副社長 原発ビジネスへの長期的な影響ない」2011年５月９日。

日本テレビニュース「東芝 10年度最終利益、過去最高」，2011年5月9日

⑿　日本経済新聞「決算深読み，東芝，堅調型に懸念」，2012年5月9日

⒀　『週刊エコノミスト』「東芝の闇，リーマン危機と『3.11』が招いた決算不能と予算必達の呪縛」，2015年7月21日，96頁

⒁　東芝第三者委員会調査報告書，2015年7月21日，83-102頁

⒂　拙稿「監査現場が危ない！」『企業会計』中央経済社，2019年12月号，20頁

⒃　『週刊エコノミスト』，前掲⒀，2015年7月21日，96頁

⒄　『週刊朝日』「東芝を食い潰した日米の原発利権」，2015年7月31日，134-135頁

⒅　『週刊ダイヤモンド』「特集 東芝 終わらざる危機」「巨額減損リスク抱える"爆弾"，ウェスチングハウスが陥った袋小路」，2015年8月1日，39頁

⒆　『日経ビジネス』「不正の動機は何か？　6,600億円買収の誤算」，2015年8月31日，37頁

⒇　『週刊東洋経済』「暗雲漂う東芝の原発事業，くすぶり続ける米WH減損リスク」，2015年9月26日，53頁

㉑　朝日新聞「東芝子会社米原発大手WH 損失1,600億円，13・14年3月期 連結決算反映せず」，2015年11月13日。日本経済新聞「米原子力大手WH，減損1,600億円，消極的な開示に批判も」，2015年11月13日。読売新聞「東芝改革に不安材料，子会社損失触れず」，2015年11月13日。東京新聞「米の原発子会社 巨額損失，東芝 収益の柱に懸念」，2015年11月14日

㉒　『日経ビジネス』「スクープ 東芝米原発赤字も隠蔽」，2015年11月16日，12-13頁

㉓　東芝代表執行役副社長志賀重範「電力・社会インフラ事業グループ 主要案件に関するご説明」，2015年11月27日

㉔　『週刊エコノミスト』「東芝"粉飾"の真相，原発子会社減損隠しのカラクリ，利益水増しで社債発行実現」，2015年12月22日，93頁

㉕　毎日新聞「米WH損失，原発の採算悪化」「東芝甘い原発見通し」，2015年11月28日

㉖　朝日新聞「東芝社長，開示遅れ謝罪」，2015年11月28日

㉗　読売新聞「東芝 巨額損失を謝罪，米原発子会社『事業は順調』強調」，2015年11月28日

㉘　小笠原啓『東芝粉飾の原点 — 内部告発が暴いた闇』日経BP社，2016年7月，193頁

㉙　小笠原啓，同上，2016年7月，194, 196頁

㉚　東芝2014年3月期有価証券報告書，2014年6月25日，85頁

㉛　『週刊経営財務』「会計方針の変更」税務研究会，No.3471，2020年8月31日

㉜　「会計方針の変更における正当な理由」は，①会計方針の変更が企業の事業内容または企業内外の経営環境の変化に対応して行われるものであること，②会計方針の変更が会計事象等を財務諸表に，より適切に反映するために行われるものであること，③変更後の会計方針が一般に公正妥当と認められる企業会計の基準に照らして妥当であること，④会計方針の変更が利益操作等を目的としていないこと，⑤会計方針を当該年度に変更することが妥当であること。

　　日本公認会計士協会，監査・保証実務委員会実務指針第78号「正当な理由による会計方針の変更等に関する監査上の取扱い」，2011（平成23）年3月29日

(33)　東芝「2016年度第 3 四半期および2016年度業績の見通し並びに原子力事業における損失発生の概要と対応策について」，2017年 2 月14日

(34)　Bloomberg「米CB&I，ショー・グループを買収方針 ── エネルギー建設最大級」，2017年 7 月30日

(35)　東芝「米国CB&Iストーン・アンド・ウェブスター社の買収完了について」，2016年 1 月 5 日

(36)　朝日新聞デジタル「東芝危機招いた買収を巡る訴訟，WH敗訴，見通し甘さ認定」，2017年 6 月28日

(37)　東芝「CB&Iの米国子会社買収に伴うのれん及び損失計上の可能性について」，2016年12月27日

(38)　日刊工業新聞「深層断面／東芝の米原発事業，巨額損失は何が原因か──超過分はWHが負担」，2017年 2 月 4 日

(39)　東芝，前掲(33)，2017年 2 月14日。朝日新聞デジタル「東芝，海外原発撤退の方針 WH連結切り放し模索」，2017年 3 月15日

(40)　東芝「当社海外連結子会社ウェスチングハウス社等の再生手続の申し立てについて」，2017年 3 月29日

(41)　東芝代表執行役専務平田政善「2016年度連結決算」，2017年 8 月10日，27頁

第5章

東芝 脆弱な財務基盤

—— 粉飾決算の一因か ——

　2006年に巨額な資金を投下してウェスチングハウス社（WH）を買収して以降，東芝の財務基盤は脆弱になり，特にリーマン・ショックにより2008年度は3,435億円という巨額赤字に陥り，財務状況は急速に悪化した。そして，2008年度から金融機関との債務契約には「財務制限条項」が盛り込まれた（以降，2021年3月期も継続している）。

　2008年度から始まったと思われる不正会計は2011年度と2012年度において広範囲に行われたが，東芝トップは，財務制限条項への抵触を避けるために，粉飾決算を行ったのではないか？

1　東芝の財務の脆弱性

(1)　財務状況の推移

　次頁の**表5－1**は，東芝の財務状況（連結）を測る主な項目の推移である。

　2006年3月期は，WH買収直前の状況である。約6,200億円を投資したWH買収は2006年10月に完了しているので，2007年3月期は「のれん及びその他の無形資産」が約6,300億円強（7,467億円－1,156億円）増加している。その買収資金の東芝の負担分約4,800億円（本書56頁）を主に借入金で賄ったので（社債は発行していない），長期借入金が約3,500億円（9,561億円－6,114億円）膨らんでいる。

　2008年3月期は，世界的なリスクオフの流れから円高が進み，東芝が保有するWHを含む外貨建資産の円換算価格が大きく減少して，東芝の株主資本に含

表5－1　東芝財務（連結）の推移

（単位：億円）

	2006.3	2007.3	2008.3	2009.3	2010.3	2011.3
繰延税金資産	3,839	3,500	4,342	4,939	4,905	5,176
のれん他	1,156	7,467	6,539	6,298	6,187	5,592
計	4,995	10,967	10,881	11,237	11,092	10,768
短期借入金	1,425	716	2,578	7,479	513	1,523
1年内返済債務	1,635	1,307	2,624	2,859	2,060	1,594
社債・長期借入金	6,114	9,561	7,407	7,767	9,609	7,695
計	9,174	11,584	12,609	18,105	12,182	10,812
株主資本	10,021	11,083	10,222	4,473	7,974	8,681
総資本	47,271	59,319	59,356	54,532	54,511	53,793
株主資本比率（％）	21.2	18.7	17.2	8.2	14.6	16.1
（日立の株主資本比率）	(25.0)	(22.9)	(20.6)	(11.2)	(14.3)	(15.7)
DEレシオ（倍）	0.91	1.04	1.23	4.04	1.52	1.24
（日立のDEレシオ）	(0.68)	(0.76)	(0.76)	(1.29)	(1.04)	(1.03)
財務制限条項	無	無	無	有	有	有

（単位：億円）

	2012.3	2013.3	2014.3	2015.3	2016.3	2017.3
繰延税金資産	5,236	4,832	4,827	3,888	704	536
のれん他	7,116	9,121	9,948	11,246	3,915	3,615
計	12,352	13,953	14,775	15,134	4,619	4,151
短期借入金	1,195	1,914	1,461	619	4,109	3,575
1年内返済債務	2,066	2,416	574	2,059	2,084	3,280
社債・長期借入金	9,096	10,384	11,848	10,430	8,221	5,161
計	12,357	14,714	13,883	13,108	14,414	12,016
株主資本	7,186	8,245	10,271	10,839	3,288	▲5,529
総資本	56,730	60,216	61,725	63,347	54,333	42,695
株主資本比率（％）	12.7	13.7	16.6	17.1	6.1	▲13.0
（日立の株主資本比率）	(18.8)	(21.1)	(24.0)	(23.7)	(21.8)	(30.7)
DEレシオ（倍）	1.72	1.78	1.35	1.20	4.38	—
（日立のDEレシオ）	(0.86)	(0.75)	(0.73)	(0.78)	—	—
財務制限条項	有	有	有	有	有	有

（注）「繰延税金資産」は短期繰延税金資産と長期繰延税金資産，「のれん他」はのれん及びその他
　　の無形資産，「1年内返済債務」は1年内に返済すべき社債と長期借入金，「株主資本比率」は
　　「株主資本÷総資本」，「DCレシオ」は「有利子負債÷株主資本」。東芝は米国会計基準，日立は，
　　2012年3月期以前は米国会計基準，2013年3月期から国際財務報告基準（IFRS）。東芝と日立の
　　有価証券報告書より作成

まれる外貨換算調整額（外貨建資産の円換算調整額）の赤字が膨らみ，株主資本を861億円（2007年 3 月期 1 兆1,083億円 − 2008年 3 月期 1 兆222億円）目減りさせた。同期の当期純利益は1,274億円であったが，銀座東芝ビルを含む固定資産売却益1,447億円がなければ赤字で，株主資本はさらに減少していた[1]。

そして，2008年 9 月15日，大手投資銀行のリーマン・ブラザーズは連邦破産法11条の適用を連邦裁判所に申請，負債総額約6,000億ドル（約64兆円）という米国史上最大の企業倒産が発生した。

リーマン・ショックは東芝も襲い，2009年 3 月期は3,435億円の最終赤字に転落した。これを一時的な資金借入で賄い，短期借入金が4,900億円（7,479億円 − 2,578億円）増加した。さらに急激な円高に伴う外貨建資産の含み損が急増，外貨換算調整額の赤字が2,227億円も増加，2009年 3 月末の株主資本は 1 年前と比べて約 6 割も目減りし4,473億円まで減少，株主資本比率はわずか8.2％（4,473億円÷54,532億円）に低下した[2]。きわめて脆弱な財務基盤だ。そのため，2009年 3 月期から金融機関との債務契約において財務制限条項が盛り込まれたのである（本書86頁）。

東芝は2009年 6 月に公募増資2,863億円，第三者割当増資328億円（合計3,191億円）を行い，同時に1,800億円の劣後債（年利7.5％）を発行[3]。株主資本比率は，2010年 3 月期には14.6％（7,974億円÷54,511億円）まで回復した。

(2)　リスクの高い資産の保有

「繰延税金資産」と「のれん及びその他の無形資産」に注目しよう。

繰延税金資産はWH買収前の2006年 3 月期も3,839億円であったが，買収後は4,300億円台から徐々に増加し2012年 3 月期には5,236億円となった。その後はやや減少し，不正会計発覚直前の2015年 3 月期は3,888億円，不正会計修正後の2016年 3 月期は704億円と大幅に減少した。

繰延税金資産とは，多く払いすぎた税金や早く払いすぎた税金などは将来戻ってくるので，それらを前払費用と考えて，資産の部に表示する項目である。しかし，繰延税金資産は，次期以降純利益が計上され課税所得があった場合にその資産価値が認められるので，次期以降の利益が見込まれなければ繰延税金資産として計上することができない（2016年と2017年 3 月期の大幅な減少はその

故である）。したがって，繰延税金資産の資産価値は危うい。

　のれん及びその他の無形資産のうち「その他の無形資産」には，東芝の場合，ソフトウェア，技術ライセンス料，技術関連無形資産，ブランドネームなどが含まれる。例えば，**表5－1**の2008年3月期「のれん他」6,539億円の内訳は，「のれん」3,286億円，「その他無形資産」3,253億円である⁽⁴⁾。

　のれん及びその他の無形資産は，WH買収直前期の2006年3月期は1,156億円であったが，買収後は7,467億円と一気に増加。以後4年間は定期的な償却でやや減少したが，2012年3月期はスイスの電力計大手ランディス・ギア社を買収したこと（本書97頁）などにより7,116億円⁽⁵⁾，2013年3月期は東芝テックによるIBMのPOS事業の買収により9,121億円⁽⁶⁾，2014年3月期はソフトウェアの取得などにより9,948億円と拡大⁽⁷⁾，2015年3月期は1兆1,246億円（のれん6,739億円，無形資産4,507億円）にも上昇した⁽⁸⁾。のれん及びその他の無形資産の価値も事業計画の達成度合いに応じて決まるので，事業が後退したり衰退したりすると，その価値は低下する。それ故，不正会計修正後の2016年3月期は3,915億円と前期に比し約7,300億円強も削減された。

　東芝の繰延税金資産とのれん及びその他の無形資産の合計額は，**表5－1**で見るように，WH買収後は継続して1兆円を超え，2013年3月期は1兆3,953億円，2014年3月期は1兆4,775億円，2015年3月期は1兆5,134億円ときわめて高い水準にあった。そして，<u>WH買収前の2006年3月期には，株主資本（1兆21億円）が繰延税金資産とのれん他の合計額（4,995億円）を5,000億円強上回っていたが，翌2007年3月には，繰延税金資産とのれん他の合計額（1兆967億円）が株主資本（1兆1,083億円）に接近，2008年3月期以降は全期間において，その関係は逆転した。つまり，繰延税金資産とのれん及びその他の無形資産という資産価値としてリスクの高いものの金額が，株主から調達した資本金やこれまでの利益の蓄積である利益剰余金からなる株主資本という資産価値の確実性が高い金額を上回るという"危うい"財政状態にあったのである。</u>

(3)　日立との差 歴然

　その危うい状態は，株主資本比率にも表れている。株主資本は返済する必要がないので，それが総資本に占める割合（株主資本÷総資本）が高いほど経営

の安定性は高まる。東芝の株主資本比率は，2006年3月期は21.2％だったが，徐々に低下，2009年3月期には8.2％までダウン，株式公募と劣後債の発行で切り抜け，その後の6期間は平均15％前後を維持したが，不正会計修正後の2016年3月期は6.1％，翌2017年3月期は債務超過に陥った。

　日立の株主資本比率も2006年3月期の25％以降は低下，2009年3月期は大赤字の7,873億円を計上したため11.2％となったが，同年12月に公募増資と転換社債によって約3,500億円を調達（本書96頁），2010年3月期は14.3％に回復した。2013年3月期以降は業績の好調を背景に，20％前半台を維持，2017年3月期には30.7％に達した。日立と東芝には大きな開きが見られる。

　さらに，財務の健全性を図る指標として「DEレシオ」（Debt Equity Ratio）がある。「負債資本倍率」とも呼ばれ，企業の借金である有利子負債が返済義務のない株主資本の何倍かを示す（「有利子負債÷株主資本」）。この算式から明らかなように，DEレシオは低い方が望ましい。東芝の場合，2006年3月期は0.91倍（9,174億円÷1兆21億円）であったが，2007年3月期以降10期間すべてにおいて1倍を超えていた（2009年3月期の4.04倍，2016年3月期の4.38倍という異常値を除く9期間の平均は1.33倍）。日立の場合は，同じ10年間に1倍を超えた年度は3期間にすぎず，7年間の平均は0.76倍である。

　明らかに東芝の財務基盤は脆弱である。

(4)　佐々木則夫社長の財務改善は？

　リーマン・ショックにより大幅な赤字に転落した2009年3月期の翌期に社長に就任した佐々木則夫氏は，2009年8月5日の「2009年度経営方針説明会」において，事業の「集中」と「選択」を加速させ成長の再発進を図るとともに「財務基盤の強化」を目標に掲げた[9]。以降，佐々木社長は毎年の経営方針説明会においても，徹底した固定費の削減（前年度比3,000億円削減など）を含む財務強化を強調した。次頁の**表5－2**は，その実績である。

　このように，株主資本比率のアップとDEレシオのダウンの目標は，好業績を上げた2011年3月期以外は達成できなかった。

　2012年3月期から2013年3月期にかけては，東日本大震災と福島原発事故の発生，タイの洪水による10工場（HDDやディスクリート半導体，白物家電などを

86

	西田社長	佐々木社長			
	2009.3	2010.3	2011.3	2012.3	2013.3
株主資本比率（%）					
目標値	—	15	16	18	22
実績値	8.2	14.6	16.1	12.7	13.7
目標達成	—	△	◎	×	×
DEレシオ（倍）					
目標値	—	1.3	1.2	1.0	0.5
実績値	4.04	1.52	1.24	1.72	1.78
目標達成	—	×	◎	×	×

表5－2　佐々木則夫社長時代の株主資本比率とDEレシオ

(注)　各年度の「経営方針説明会」資料より作成

生産）の水没，超円高（1ドル平均80円前後）の進行など，東芝にとってきわめ
て厳しい経営環境が続いていた。この2年間は大規模な不正会計が行われて
いたが（表1－1，本書4頁），2012年と2013年3月期は，株主資本比率，DE
レシオとも，目標値を著しく下回った。

2　東芝に課せられた財務制限条項

　財務制限条項とは，金融機関が企業に協調融資（1つの企業に対し，複数の
金融機関が協力して融資を行うこと）などをする際に，一定の財務健全性の維持
を求める契約条項のことである。例えば，貸し手の金融機関は，財務制限条項
（純資産維持，一定の営業利益・最終利益・自己資本比率の確保，格付けの維持など）
を設定することで，借り手企業の行動を事前に抑制し，元利払いの確実な回収
を図り，条項に抵触すると返済期限前でも資金返済を要求することができると
いうものである。

　東芝の場合，2008年度から金融機関との債務契約において，財務制限条項が
盛り込まれた〔■2006年度と2007年度の有価証券報告書には財務制限条項に
関する記述は見られない。2008年度以後の各期においては記載されている〕。
2009年3月期の有価証券報告書は「事業等のリスク」の1つとして「財務制限

条項」を開示し，以下のように説明した⁽¹⁰⁾。

「米国のサブプライム住宅ローン問題に端を発する世界的な金融危機及び景気の後退に伴う消費の減少，市場全体の縮小並びに半導体，液晶等の急激な価格下落という事業環境の悪化を受け，2008年度における当社の連結業績は，売上高6兆6,545億円（前期比13%減），営業損失2,502億円（前期2,464億円の営業利益），当期純損失3,435億円（前期1,274億円の当期純利益）となり，同年度末における連結純資産（資本合計）は，4,473億円（前期比56%減）となりました。

当社が複数の金融機関との間で締結している借入れに係る契約には財務制限条項が定められており，<u>2008年度に係る連結財政状態により，当該財務制限条項に抵触する懸念がありましたが，同決算の確定前に，当該金融機関との間で当該財務制限条項の修正を合意しており，現在では当該財務制限条項への抵触は回避されております。</u>

しかしながら，<u>2009年度において連結営業損失を計上するなど，今後当社の連結純資産，連結営業損益又は格付けが修正後の財務制限条項に定める水準を下回ることとなった場合には，借入先金融機関の請求により，当該借入れについて期限の利益を喪失する</u>〔「資金の即時一括返済」のこと〕<u>可能性があります。さらに，当社が財務制限条項に違反する場合，社債その他の借入れについても期限の利益を喪失する可能性があります</u>（下線著者）。

当社は，体質改革プログラムの実行により業績改善を図るとともに，借入先金融機関の理解を得る努力を行うなど，2009年度以降における財務制限事項への抵触及びこれによる期限の利益喪失を回避するための施策を最大限継続的に行っていく所存ですが，万一，当社が上記借入れについて期限の利益を喪失する場合，当社の事業運営に重大な影響を生じる可能性があります」

最初の下線部分は，東芝は2008年度（2009年3月期）には財務制限条項に抵触する状況にあったが（DCレシオも4.04倍。本書82頁），同決算の確定前に金融機関との交渉により，どうにか乗り切ったという厳しい状態にあったことを指摘している。そして，次の下線部分は，2009年度以降においても，財務制限条項への抵触を回避するためには，目標とする営業利益や最終利益などの計上が必須であることを率直に述べているのである。

　■すでに検討したように，東芝は，繰延税金資産とのれん及びその他の無形資産という資産価値としてリスクの高いものの金額が，株主から調達した資本金やこれまでの利益の蓄積である利益剰余金からなる株主資本という資産価値の確実性が高い金額を上回る危うい財務状態にあり，目標利益を達成できなければ財務制限条項に定められている「連結純資産」が赤字になる危険性にあった。

　また，第1章，第2章で検討したように，歴代の3社長は営業利益の目標達成に固執し，大きく乖離している現状に対し過大なチャレンジを課した。「連結営業利益」が財務制限条項に定める水準を下回ることとなった場合には，借入金はもとより，社債などについても「即時一括返済」を求められる可能性がある中で，目標とする「営業利益」の確保は，東芝にとって「至上命令」だったのである。2008年度第3四半期に係る10月27日開催の社長月例における村岡富美雄副社長（会計・財務の最高責任者）の発言，「FY3Qの赤字は何としても回避して欲しい」を思い出してほしい（本書25頁）。

　融資先金融機関を含む諸般の事情を総合的に考慮すると，東芝が財務制限条項を回避するためにのみ粉飾決算を行ったとは考えにくいが，上述の状況からして，経営者にはその動機は確かにあった。

3　財務制限条項と不正会計の関係

　東芝の財務制限条項と不正会計の関係については，会計評論家 細野裕二氏の論稿が注目される[11]。

　細野氏は，不正会計が行われていた2012年3月期（佐々木社長時代）の連結貸借対照表（米国基準）における「利益剰余金と包括損失累計額〔その他の包括損失累計額〕の関係」に焦点を当てた。なお，「その他の包括損失累計額」とは，「その他有価証券評価差額金」「繰延ヘッジ損益」「為替換算調整勘定」などの赤字額合計のことであり，連結損益計算書には計上されず連結貸借対照表の株主資本に含まれる。

　細野氏の主張は，以下のように要約できる。

　2012年3月期における利益剰余金とその他の包括損失累計額の差は239億円

（利益剰余金5,919億3,200万円－その他の包括損失累計額5,679億7,900万円）にすぎず，もし東芝が239億円以上の当期純損失を計上していた場合には利益剰余金がその他の包括損失累計額を下回る状態になり，配当原資は枯渇する。

　とすると，当然無配に転落し，財務制限条項に抵触する。したがって，東芝は2012年3月期には，何としても239億円以上の当期純利益を計上しなければならなかった。結果的には，同期には，利益のかさ上げ額312億円を含む株主帰属当期純利益〔連結当期純利益〕737億円〔不正会計修正前の会社発表金額。**表6－2**，本書98頁〕が計上されたが[(12)]，この時の312億円の利益操作は，東芝にとって，まさに会社の存亡をかけた死活問題だった。

　■第三者委員会調査報告書によると，2011年度（2012年3月期）税引前利益のかさ上げ額は計312億円であるが（表1－1，本書4頁），細野氏は，この312億円は財務制限条項への抵触を回避するための最低限度額239億円を捻出する重要な「指標」として機能した，と主張する。細野氏の分析視点は"さすが"である。

注 ————————

(1)　東芝2008年3月期有価証券報告書，2008年6月25日，63－64頁。『週刊エコノミスト』「東芝『不正会計』の呪縛」，2015年8月4日，17－18頁

(2)　東芝2009年3月期有価証券報告書，2009年6月24日，99頁

(3)　東芝2010年3月期有価証券報告書，2010年6月23日，41，87頁。磯山友幸「新日本で不正会計がなぜ頻発するのか？」『週刊東洋経済』，2015年9月26日，63頁

(4)　東芝2008年3月期有価証券報告書，2008年6月25日，76頁

(5)　東芝2012年3月期有価証券報告書，2012年6月22日，95頁

(6)　東芝2013年3月期有価証券報告書，2013年6月25日，95頁

(7)　東芝2014年3月期有価証券報告書，2014年6月25日，97頁

(8)　東芝2015年3月期有価証券報告書，2015年9月7日，93頁

(9)　東芝代表執行役佐々木則夫「2009年度経営方針説明会」，2009年8月5日，13頁

(10)　東芝2009年3月期有価証券報告書，2009年6月24日，30頁

(11)　細野裕二「東芝"愛社精神"が生み出した工事進行基準の『不正操作』」『ZAITEN』，2015年8月号，14－17頁

(12)　東芝代表執行役佐々木則夫「2012年度経営方針説明会」，2012年5月17日，5頁

第**6**章

東芝 ガバナンスの崩壊

—— *"Where have the executive gone ?"* ——

　東日本大震災と東京電力福島第一原子力発電所事故が東芝とウェスチング
ハウスに重大な影響を及ぼしたことはまぎれもない事実である。
　しかし，この大事故は東芝グループのみに甚大な損害を与えたのではない。
大事故後の東芝の決定的な欠陥は何だったのだろうか？

1　東芝の業績

　まず，次頁の東芝の業績（連結）の推移を見よう（**表6－1**）。
　東芝は，今から28年前の1994年3月期，連結売上高は4兆6,309億円，翌95
年3月期は4兆7,907億円であった。2000年3月期には5兆7,493億円を計上，
5年間に約1兆円の増収となり，翌2001年3月期は5兆9,513億円と6兆円に
接近した。しかし，2002年3月期以降2005年3月期までの4年間は平均5兆
6,000億円で横ばいであった。
　西田厚聰社長就任1年目の2006年3月期は6兆3,435億円，翌期は7兆円を
超え，2008年3月期には過去最高の7兆6,653億円を達成した。しかし，
リーマン・ショック後の世界経済の落ち込みにより，2009年3月期の売上高は
前期比1兆円減の6兆6,545億円と後退。西田氏は社長を退いた。
　佐々木則夫社長初年度の2010年3月期の売上高は6兆1,298億円と前期を
5,247億円も下回り，最終年度の2013年3月期は5兆7,222億円と就任前の2009
年3月期に比し9,323億円も減少した。
　田中久雄社長時代の2014年3月期と任期半ばで退任した15年3月期の売上高
は，それぞれ6兆4,897億円，6兆6,558億円と回復した。

表6-1　東芝グループと日立グループの業容

（単位：億円，人）

決算期	売上高 東芝	売上高 日立	純利益 東芝	純利益 日立	従業員数 東芝	従業員数 日立
1994.3	46,309	74,002	121	652	—	—
1995.3	47,907	75,922	446	1,139	—	—
2000.3	57,493	80,012	▲ 329	169	—	—
2001.3	59,513	84,169	961	3,236	—	—
2002.3	53,940	79,937	▲2,540	▲4,838	176,398	306,989
2003.3	56,557	81,917	185	278	165,776	320,528
2004.3	55,795	86,324	288	158	161,286	306,876
2005.3	58,361	90,270	460	514	165,038	323,072
2006.3	63,435	94,648	781	373	171,989	327,324
2007.3	71,163	102,479	1,374	▲ 327	190,708	349,996
2008.3	76,653	112,267	1,274	▲ 581	197,718	347,810
2009.3	66,545	100,003	▲3,435	▲7,873	199,456	361,797
2010.3	61,298	89,685	▲ 197	▲1,069	203,889	359,746
2011.3	62,639	93,158	1,583	2,388	202,638	361,746
2012.3	59,964	96,658	31	3,471	209,784	323,540
2013.3	57,222	90,410	134	1,753	206,087	325,240
2014.3	64,897	96,664	602	4,138	200,260	323,919
2015.3	66,558	97,749	▲ 378	2,174	198,741	336,670
2016.3	43,464	100,343	▲4,600	▲1,275	187,809	335,244
2017.3	40,437	91,622	▲9,656	2,312	153,492	303,887
2018.3	39,475	93,686	8,040	3,629	141,256	307,275
2019.3	36,935	94,806	10,132	2,225	128,697	295,941
2020.3	33,898	87,672	▲1,146	875	125,648	301,056
2021.3	30,543	87,291	1,139	5,016	117,300	350,864

（注）　東芝及び日立とも「米国会計基準」。ただし，日立は2014年3月期から「国際財務報告基準」（IFRS）。両社の有価証券報告書より作成

　しかし，粉飾決算発覚後の2016年3月期の連結売上高は前期を2兆3,000億円強も下回る4兆3,464億円，翌期は4兆437億円，2018年3月期は4兆円を割り3兆9,475億円，そして2021年3月期は3兆543億円へと転がり落ちた。

　直近の売上高3兆543億円は，最高を記録した2008年3月期の7兆6,653億円
からなんと4兆6,000億円，60％もダウンし，28年前の1994年3月期の4兆6,309
億円と比べても，1兆5,766億円も減少しているのである。

　東芝の連結当期純損益は，2000年以降22年間のうち8期において損失を計上。
特に2015年3月期から2017年3月期まで3期間の赤字累計は1兆4,634億円。
その主たる原因は，ウェスチングハウス（WH）の破綻処理〔原子力発電所
建設工事の発注先である電力会社への損害賠償も含む〕とテキサス州の原子力
プロジェクトの失敗による損失，利益かさ上げによる不正会計処理に係る損失
などである。
　2017年3月期には2,757億円の債務超過に陥り，それを解消し上場を維持す
るために，約6,000億円の第三者割当増資を実施（本書111頁）。2018年3月期は
メモリ事業の営業利益の拡大とWH関連の債権・株式の売却益など約7,000億円
の特別利益が発生，当期純利益8,040億円を計上した。2018年6月，虎の子の
半導体子会社東芝メモリの全株式を2兆3億円で売却（その後3,505億円で
再取得，持分比率40.2％），その売却益9,655億円を含み2019年3月期は1兆132
億円の当期純利益を計上した[1]。しかし，翌2020年3月期も1,146億円の赤字
（主たる要因は米液化天然ガス（LNG）事業の売却損約900億円），2021年3月期は
1,139億円の黒字を確保した。

　日立製作所の業績も添付した。2000年3月期以降22年間の連結売上高は，
最初の10年間は波を打ちながらも右肩上がりで，2008年3月期には直近を含み
最高の11兆2,267億円を記録した。しかし，その後はやや右肩下がりである。
2020年3月期の連結売上高8兆7,672億円と2021年3月期の8兆7,291億円は，
17年前の2004年3月期の水準である。連結売上高10兆円を突破したのは27年間
においてわずかに4期のみである。
　連結当期純利益の最高は直近の2021年3月期の5,016億円で，初めて5,000億
円台に乗せた。ただし，5,016億円には「事業再編等損益4,524億円」（このうち
2,788億円は，子会社であった日立化成の昭和電工への株式売却益）が含まれてい
る[2]。4,000億円台が1期，3,000億円台が3期（2017年3月期の2,993億円も含む），

2,000億円台が３期である。日立ですら過去22年間のうち６期は赤字。企業
経営は容易ではない。

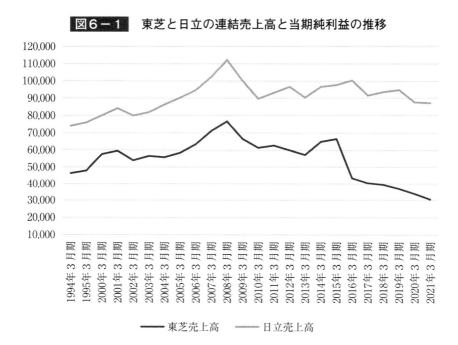

図６−１　東芝と日立の連結売上高と当期純利益の推移

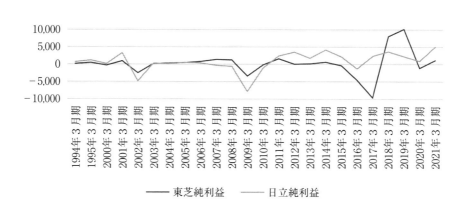

　従業員数については，東芝がグループ全体で2002年3月期176,398人，不況期の2003年3月期末は165,776人で約1万人の減少，その後は徐々に増加，2012年3月期には209,784人。以降は減少が続き，直近の2021年3月期は過去20年間で最低の117,300人，ピーク時（2012年3月期）から9年間で計92,484人（209,784人－117,300人），56％も減少した。

　日立グループは，同じ20年間において，2019年3月期の295,941人を除き30万人以上を維持。2021年3月期は前期比49,808人（350,864人－301,056人）増え，10年振りに最高レベルにある。

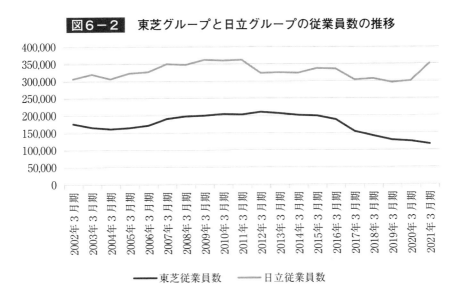

図6－2　東芝グループと日立グループの従業員数の推移

2　企業構造改革

　2009年3月期はリーマン・ショックの影響で，わが国企業は大幅な赤字を計上した。自動車の販売台数で世界首位の座に躍り出た2008年3月期のトヨタの連結営業利益は2兆2,703億円という空前の記録であったが，翌期は営業損益4,610億円の赤字，最終損益も4,369億円の損失に転落した[3]。東芝も連結最終損益は3,435億円の赤字，株主資本比率は8.2％，日立も7,873億円という

日本の製造業における過去最悪の損失で，株主資本比率も11.2％へと低下した（**表5－1**，本書82頁）。

問題は，その直後の対応である。

(1) 日立の構造改革

日立は，2009年6月，グループ会社に転出していた川村隆氏が会長兼社長に就任，"ワントップ"体制を敷き副社長ら6人で意思決定できる仕組みを整えた。そして，グループ戦略の柱を，従来の「総合電機」から，インフラの技術とITにより社会課題解決を目指す「社会イノベーション事業」へと大転換させた。つまり，人々の生活を支える社会インフラ事業（鉄道やエネルギーシステム事業など）に対して解決策を提示し，日立の有する技術力でそれを組み立て，顧客や社会に役立つ価値を創造するという戦略へ大きく舵を切ったのである。そして，同年12月には，グループ再編の資金に充当するために，公募増資と転換社債型新株予約権付社債（CB）によって3,492億円を調達した。

翌10年には中西宏明氏が社長に，川村氏は会長に退いた。中西社長は，日立マクセルをはじめとする上場5社の完全子会社化，薄型テレビ事業の撤退，半導体事業の譲渡・持分縮小，自動車機器関連事業の再建（ハイブリッド・電気自動車への対応），HDD事業の売却，火力発電事業再編（三菱重工業との新会社設立（MHPS））などの大胆なリストラ策を断行した[4]。

その後の日立の業績は大幅に改善し，**表6－1**で見るように，連結最終利益は，2011年3月期2,388億円，同社も手掛けた福島原発の事故後の2012年3月期は3,471億円，2013年3月期1,753億円，そして2014年3月期にはそれまで最高の4,138億円を達成した。

(2) 東芝の構造改革

東芝は2009年6月，西田氏が社長を退任し会長に就任，佐々木則夫氏が社長に就いた（形式的には"ツートップ"体制だが，両者は対立）。

佐々木社長は，就任後の初の経営方針発表会において，中期経営戦略として「グローバル競争力を持ったトップレベルの複合電機メーカー」の旗を掲げ，事業の「集中」と「選択」を加速させ，成長の再発進を図ると表明した[5]。

　そして，「集中」（これを東芝は「事業構造転換」と呼ぶ）については，富士通のHDD事業買収（2009年），東芝メディカルシステムズによる画像事業会社の米国バイタル・イメージズ社（Vital Images）買収（2011年），スイスの電力計大手ランディス・ギア社（Landis＋Gyr, Inc.）買収（2011年），東芝テックによるIBMのPOS事業買収（2012年）などを実行。

　また，「選択」（これを東芝は「事業構造改革」と呼ぶ）については，システムLSI事業の後工程売却（2009年），携帯電話事業売却（2010年），長崎工場の半導体設備のソニーへの売却（2011年），メキシコTV工場売却（2011年），ファイナンス法人事業売却（2011年），中小型液晶事業売却（2012年），タイHDD工場売却（2012年）などを実行した[6]。

　しかしながら，これらの集中と選択はリーマン・ショック後の赤字体質から脱する抜本策にはならなかった（佐々木社長の実績については後述）。

　上述のスイスの電力計大手ランディス・ギア社買収について。この買収は第1章8頁で指摘したH案件とも関連するので補足説明しよう。

　東芝は2011年に23億米ドル（約1,863億円）を投下してスマートメーター企業である同社を買収した。これまでの各世帯に付いているメーターは電気の使用量を表示するだけだったが，スマートメーターは通信機能を持ち，基地局では30分ごとに使用量を集計することができるという。検針員を必要としないうえ，各世帯の電気使用量をほぼリアルタイムで把握することができるため，地域ごとの効率的な電気の配分も可能になる。

　そこで，東京電力は管内の全2,700万世帯に2024年までにこれを導入する計画で，スマートメーター用の通信システムの提案を募集，2013年に東芝が319億円で受注した。『フライデー』は，次のように伝える[7]。

　「『事業提案には日立，三菱電機，東芝などの企業連合が参加した。東芝は2009年に東光東芝メーターシステムズを設立，2011年にスイスのランディス・ギア社を買収しており，是が非でも取りたい事業だった。当初の社内見積りでは530億円程度での入札を検討していたが，東電側から315億円の希望価格を提示され，さらに『交渉先を1社に絞ったから』と迫られて，大幅に値引きして受注した（全国紙経済部記者。本書8頁の第三者委員会調査報告書と符合する）」

　「しかし，当初から，東芝の技術力は危ぶまれていた。買収したランディス・
ギア社の技術は，週に一度程度の通信頻度を前提としており，『30分に一度』
のリアルタイムを要求する東電の要求水準とはほど遠い。結局ランディス・
ギア社の技術を諦め，既存の技術をかき集めて納入したのだが，一部の機器で
うまく通信できない不具合が発生しているようだ」

　その後，東芝は保有する株式の40％を産業革新機構に譲渡したが，ランディ
ス・ギア社が2017年７月にスイス証券取引所に上場したため，東芝及び産業革
新機構は保有する全株式を売却した。東芝の株式売却益は667億円であった
が[8]，結果的には，ランディス・ギア社の買収は失敗に終わった。

(3)　佐々木則夫社長の実績

　次に，福島原発事故に直面し，東芝の再生をリードした佐々木則夫社長の
４年間の実績（連結）を見よう（**表6−2**）。

表6−2　**佐々木則夫社長の実績**

（単位：億円）

年　度	売上高	営業利益	当期純利益
2010年３月期	63,816	1,172	▲ 197
	61,298	1,176	▲ 197
2011年３月期	63,985	2,403	1,378
	62,639	2,445	1,583
2012年３月期	61,003	2,066	737
	59,964	1,149	31
2013年３月期	58,003	1,934	775
	57,222	920	134

（注）　上段は当初の東芝発表値（各年度のCFO発表による「連結決算」より作成），下段は不正会計
　　　修正後の数値（2015年３月期の有価証券報告書の「主要な連結経営指標等の推移」より作成）

　佐々木社長初年度の2010年３月期（2009年度）は，リーマン・ショックの
影響が長引き売上高は６兆1,298億円で前期の６兆6,545億円を5,247億円も
下回り（**表6−1**），当期純損益は197億円の赤字であった（当初の連結当期
純損益見込みは▲500億円であったが▲197億円に止めた，と東芝は言う）[9]。

　翌2011年 3 月期は, ノートパソコン累計販売 1 億台達成, TVは 7 半期連続黒字, メモリ事業は過去最高益（1,087億円）達成, 液晶事業は営業黒字化, 白物家電・照明・空調も好調で年間営業黒字化達成。その結果, 売上高は 6 兆2,639億円と前期比1,342億円増, 営業利益は2,445億円, 当期純利益は1,583億円を計上した(10)。

　2012年 3 月期は, 東日本大震災や福島原発事故, タイの洪水, 超円高などの厳しい状況下にあり, 売上高は 6 兆1,003億円とさらに減少したが, ASEAN（ベトナム, インドネシア, マレーシアなど）でのテレビ事業が好調に推移したため, 営業利益2,066億円, 当期純利益737億円と発表した(11)。しかし, その後不正会計が発覚, 営業利益は917億円削減され1,149億円となり, 当期純利益も706億円のマイナス修正でわずか31億円に終わった(12)。

　最終年度である2013年 3 月期は, 売上高 5 兆8,003億円, 営業利益1,943億円, 当期純利益775億円と発表した(13)。しかし, 不正会計修正後の営業利益は920億円で, なんと1,023億円ものかさ上げが明らかとなり, 当期純利益も641億円削減され134億円となった(14)。

　一方で, 西田厚聰会長との確執も表面化した。2013年 2 月, 田中久雄氏の社長就任を発表する会見の場。「 1 つの事業しかやってこなかった人が東芝全体を見られるのか」。当時会長だった西田氏が, 原発一筋だった佐々木氏を否定するかのような発言をすると, 佐々木氏は「私は数字をしっかり残してきた。批判されるいわれはない」と返答した。言い伝えられている話である。

　不正会計発覚前の数字で見るならば, 佐々木社長最終年度の2013年 3 月期の売上高は 5 兆8,003億円で, 就任前の2009年 3 月期の 6 兆6,545億円に比し8,542億円も減少した。しかし, 営業利益は 4 年間黒字を継続し, 当期純利益も 3 年間確保した。特に2011年 3 月期の当期純利益1,378億円（修正後は1,583億円）は, **表 6 － 1** で見るようにそれまでの最高記録である。その意味では, 「数字をしっかり残してきた」という佐々木氏の発言はうなずける。

　しかしながら, 問題は利益を計上した佐々木氏の経営手法だ。佐々木氏が社長だった2009年 6 月から2013年 6 月までの 4 事業年度の不正会計累計額は1,486億円にも上り, 不正金額全体1,518億円の約98％にも及んでいる（表 1 － 1, 本書 4 頁）。特に2012年度（2013年 3 月期）は半導体在庫の評価方法の変更で368

億円，パソコンの部品取引で310億円，工事進行基準で180億円，合計858億円もの利益のかさ上げを画策し，営業利益1,934億円は44％（858億円÷1,934億円）も過大に表示されていたのである（**表6-2**，本書98頁）。

　佐々木社長がカンパニーに対し目標利益達成の圧力を強めた一因は，対立する西田氏を意識して業績を押し上げるためではなかったのか。

〔付記〕

　佐々木則夫氏が東芝の規定路線である「社長→会長」から外れ，副会長に止まったことに対し，「どうしてかナ」と思った。

　朝日新聞は，次のように伝える(15)。

　「東芝の不適切会計は，佐々木則夫副会長が社長だった時期に拡大し，田中久雄社長は規模を縮めて収束を図っていた。この問題が，2013年に佐々木氏が見通しより1年早く社長を降り，翌年には会長にならず副会長にとどまった『サプライズ人事』の背景だった可能性がある。

　佐々木氏は当時の西田厚聰会長が役員定年になる2014年6月まで社長を続け，西田氏の後任会長に昇格するとみられていた。しかし，2014年6月に実際に取締役会長に就任したのは社長経験のない室町正志氏だった。佐々木氏は取締役会副会長にとどまった。

　この『サプライズ人事』は，2013年2月に明らかになったが，その1か月後，東芝の幹部は朝日新聞の取材に『佐々木氏のやり方には問題がある』と社長交代の背景を説明していた。高い利益にこだわり，部下が出した事業計画を50回以上も突き返したうえ，『辞表を出せ』と怒鳴ることもある。あれでは部下がついて行けない。当時の取締役会長は西田氏だが，西田氏にも情報は当然伝わっていた」

■西田氏は3名で構成する指名委員会の委員。委員長は弁護士，他の委員は大学教授，二人とも「力量不足」。西田氏が佐々木氏の会長就任を「力」で抑えたということか。

3　海外原子力事業の失敗と取締役会の機能停止

(1)　志賀・ロデリック体制の「暴走」

「若干グレーだと思われているが，原子力という国策的な事業をやるうえで，余人をもって代えがたい」と，東芝の指名委員会委員長を務める小林喜光氏

（三菱ケミカルホールディングス会長，当時）が副社長の志賀重範氏を次期東芝
代表執行役会長として選んだ理由をこう説明したという[16]。

　志賀氏は，東北大学大学院工学研究科原子核工学科修士課程を修了，1979年
東芝に入社，原子力システム設計部長，WH買収を中心となって手掛け，その
後WH上級副社長，WH社長，会長などを歴任，WHの内情に精通する人物で，
東芝原子力事業一筋の実力者であった。その志賀氏が2012年，ダニエル・ロデ
リック（Daniel Roderick）氏をWH社長として招聘した[17]。

　ロデリック氏は，電力会社やGE日立ニュークリアーエナジー副社長などを
歴任，「原子力のプロ」と称され，2014年にはオバマ大統領とともにインドを
訪れ，モディ首相とも協議した人物である[18]。

　この志賀・ロデリック体制が，福島原発事故後に東芝社内はもちろん世界に
反原発の雰囲気が拡がり，競合メーカーの独シーメンスが原発から撤退，
米GEも原発を非中核事業へと遠ざける中で[19]，原子力事業拡大路線を突っ
走ったのである。彼らが，ストーン・アンド・ウェブスター（S&W）買収を
強力にリードし，そして，そのS&Wに係る巨額損失も見過ごしたのである
（本書74頁）。

　第三者委員会の調査報告書が発表されて約1カ月後の2015年8月18日，揺れ
る東芝は，「新経営体制，ガバナンス体制改革案及び業績予想について」を発
表した[20]。その中で今後の原子力事業について，室町正志社長は，国際
エネルギー機関が予測する世界のエネルギー需要や原子力発電容量の増加を
根拠に，新型燃料の米国・フランス・ウクライナなどへの拡販，WHと東芝
原子力事業を一体化し両社保有の優位技術を組み合わせた燃料及びサービス
ビジネスの拡大などにより事業収益基盤の8割を確保すると強調した。しかし，
室町社長は，原子力発電所の新規建設についてはほとんど触れなかった。

　ところが，3カ月後の11月27日，すでに第4章で検討したように，代表執行
役副社長志賀重範氏は，原子力事業の連結売上高を，2018年度から2029年度ま
での12年間において，年平均1兆4,000億円（燃料・サービス8,100億円，新規建
設5,900億円）を見込むと発表した（「11.27東芝文書」，本書70頁）。当然，取締役
会はこれを了承していた。そして，同日の記者会見に同席したロデリックWH
社長は，「今後は中国で30基，インドで6〜12基，英国で3基の新規建設を

ほぼ100％受注できる。世界で400基以上ある原発計画のうち64基の受注を目指す」と豪語したのである[21]。2007・08年の原発8基の受注以降実績ゼロにもかかわらずだ。

　前段において室町社長が原発の新規建設についてはほとんど触れなかった事実と志賀副社長による「11.27東芝文書」及びロデリック社長の記者会見での今後の方針には大きな"ギャップ"がある。これは，いったい何を意味するのだろうか？

　それは，室町社長と取締役会が自信満々の志賀氏とロデリック社長に"なされるがまま"の状態にあったからである。東芝の取締役会は機能していなかった。

(2)　S&W買収に係る巨額損失の情報が社長に届かない

　WHが4基の原発建設を受注した2008年直後から米当局の規制強化に悩まされ，数度の設計計画の変更や追加の安全対策なども要求され，許認可審査が何度もやり直しとなり，工事も長期化し，その結果，建設コストが著しく増加し，その負担を巡り2011年以降，原発を発注した電力会社とWH，S&W，CB&Iとの間で訴訟が頻発するようになったこと，そして，それを解決するために2015年12月に建設工事を手掛けていたS&WをCB&Iから買収しWHの子会社化したこと，さらにWH買収後に入手した詳細見積りにより買収時に認識されていなかった膨大なコストの増加が判明したことなどについては，第4章で指摘した（本書75頁）。

　ところで，このS&Wに係る人件費（下請業者費も含む）や設備購入費などの大幅な増加による巨額損失の可能性についてWHが把握したのは2016年10月初めだったという[22]。しかし，綱川社長がその事実を知ったのは，12月21日の取締役会直前だそうだ。その取締役会で，「WHについて数千億円の損失が出る可能性があります」と，代表執行役会長の志賀氏が発言した。12月27日，東芝はその事実を公表した（本書75頁）。このような重大な情報が2カ月も滞留し，親会社東芝の社長に届かない。あまりにも異常ではないか。志賀会長と綱川社長との意思疎通が図れていない。綱川社長は会見で「チェック時期が遅かった」と，うなだれた[23]。

　志賀氏はWHの巨額損失の責任を取り，2017年 2 月15日，取締役と代表執行役会長を辞任，同年 6 月末の定時総会をもって退社。ロデリック氏はWHが米連邦破産法11条の適用を申請した 2 日前の 3 月27日にWH会長（2016年就任）を解任された。解任前の同氏の年間報酬は21億円だった[24]。

〔付記〕
　2017年 2 月28日，千葉県幕張メッセで午前10時に始まった東芝の株主総会。メモリ事業売却交渉の行方に質問が集中する中で，０時20分ごろ，ある株主が質問した。「昨年，ウェスチングハウスの損失が明るみに出た。当時，率いていたのは志賀さんだろう。粉飾も含めて責任があるはずだ。今年 2 月に辞めて以降，志賀さんからは一度も説明がない。東芝の役員は仲良しクラブなのか」。開場から拍手が沸き上がった。
　ところが，議長の綱川智社長は，「ウェスチングハウスについては志賀の件も含め，会社を代表する私からお詫び申し上げます。志賀は 2 月14日に代表取締役会長を辞任しました。本総会をもって退任します。今後このようなことのないようにしたい」と陳述，会場入りしていた志賀氏に発言させなかった〔■こういう社長では，東芝問題は解決できない〕。会場は騒然となったという[25]。東芝原発事業の最終責任者志賀氏は，説明責任を果たすことなく，会場を，そして東芝を去った。

(3)　7,900億円超の「債務保証」の支払い

　2017年 3 月29日，ウェスチングハウス（WH）は米連邦破産法11条による再生手続を申し立てた。そこで，発注先の電力会社は，損害賠償を求めて動き出したのである。なぜなら，東芝は，WH社に対して2016年 3 月31日現在，7,934億9,900万円の保証債務を負っていたが，その約90％は米国の 4 基の原子力発電所建設プロジェクトの客先に対する支払保証で，プロジェクトが完工できなかった場合，東芝は損害賠償請求も含みWHの親会社として，客先にこれを支払うことが求められていたからである[26]。
　6 月 9 日，東芝は，ジョージア州のサザン電力に3,680百万米ドル（4,129億円）を2017年10月から2021年 1 月までの間に分割して支払うことで合意した[27]。
　7 月27日，東芝は，サウスカロライナ州のスキャナ電力に2,168百万米ドル

（約2,432億円）を2017年10月から2022年９月までの間に分割して支払うことで合意[28]。なお、スキャナ電力は、４日後の７月31日、2008年５月に発注したこの２基の建設工事を中止すると発表。工事の遅れで費用が大きく膨らんでおり完成を断念した。工事の進捗率は４割未満に止まっていたという〔■ **2008年５月に契約した本件の９年後の工事進捗率が４割未満に止まっていた、とは驚きである**〕[29]。

　そして、12月14日、東芝は、先のサザン電力に対して、WHの新型原子炉２基の建設プロジェクト（ボーグル３号機、４号機）に関する当社親会社保証の責任上限額3,680百万米ドル（約4,123億円）を一括で支払った[30]。

　さらに、2018年１月12日、東芝は、「スキャナ電力に対して、既に247.5百万米ドル（約280億円）を支払い済みでしたが、今般、残額から先取特権の精算分60百万米ドル（約68億円）を控除した1,860.5百万米ドル（約2,102億円）を一括弁済することを、スキャナ電力が本件親会社保証の債権を売却したシティグループ・ファイナンシャル・プロダクツ社と合意し、本日支払手続を完了した」と発表した[31]。

　こうして、東芝は、米国原発４基に係る債務保証合計6,505億円と他社に係る債務保証約1,430億円は完済した。しかしながら、それは、総額約7,935億円という巨額な損失をもたらしたのである。WHの負の遺産はきわめて重い。

(4) 遅い決断 ── STPも1,582億円の損失

　本書67頁において、STPに係り東芝が2013年度連結決算で310億円、2014年度に410億円の減損損失を計上したことについて指摘したが、STPとは、テキサス州原子力プラント建設プロジェクト（South Texas Project）のことである。東芝は、2018年５月、STPから完全に撤退すると発表した。その事情について説明しよう。

　WHは2008年４月ジョージア州で２基、翌５月サウスカロライナ州で２基の原子力発電所建設工事を受注したが、それより少し前の同年３月、東芝は、米国の総合発電事業会社NRG Energy, Inc.（NRG）が同年２月に設立したNINA社（Nuclear Innovation North America LLC）に300百万米ドル（約300億円、当時の１ドル100円で換算）を出資し（出資比率NRG 88％、東芝12％）、テキサス州で

2015年〜16年の運転開始を目指して計画中のSTPにおいて，米国初のABWR型（Advanced Boiling Water Reactor：改良沸騰水型原子炉）原子力発電所の建設計画（建設費用は100億米ドル，約1兆円）に参加することになった(32)。

　しかし，2011年4月19日，NRGはテキサス州での原発2基の増設計画を断念すると発表(33)。その理由は，東京電力福島原発の事故を受け，米国で原発の安全基準をめぐる不透明感が高まったためである。そこで，同社は，NINAに対する債権約4億8,100万ドルを2011年度第1四半期決算で損失計上した。ひとり残された東芝は，「新たな提携先と交渉中で，減損の必要はない」と答えた(34)。

　ところが，2018年5月，東芝は，STPから完全に撤退すると発表(35)。その理由は，STPに係るコストが継続的に増加し，また，STPへの新規の資金提供者が現れていないことなどから，事業採算性の確保に目途が立たなくなったからである。

　発表された文書は「東芝はNINAに対して2018年5月31日時点で641百万米ドル（約701億円）の債権および147百万米ドル（約161億円）の出資持分を有しているが，ほぼ全額について2017年度決算までに貸倒引当金及び減損損失を計上済であり，2018年度連結決算への影響は軽微である」とも指摘した〔■今回の合計862億円の損失について，東芝は「2018年度連結決算への影響は軽微である」というが，本書67頁で指摘したように，STPに係り2013年度に310億円，2014年度に410億円，計720億円の減損損失を計上していたので，これも加算すると合計1,582億円の損失である〕。

　そして，「当社は原子力事業について，『海外建設リスクの遮断』という基本方針の下，海外における建設案件プロジェクトから撤退する方針であり，今回の決定もその一環となります」と，2017年2月14日の綱川智社長の方針を付記した（本書76頁）。

　■2018年5月に至っての撤退，遅い決断である。

(5)　英国原子力プロジェクトからも撤退 —— 800億円超の損失か？

　2018年11月，東芝は，英国における原子力発電所新規建設事業からの撤退を決定，子会社のニュージェネレーション社（NuGen）の解散を決議した(36)。

　東芝は，2014年6月，英国西カンブリア地方で原子力発電所の新規建設を計画していたNuGen（2009年2月設立，資本金約567億円）の発行済株式60％を取得した〔■福島原発事故後の「反原発」や「脱原発」運動が拡がる中での志賀・ロデリック体制の突進である〕。そして，米国ウェスチングハウス社の再生手続の申立てを契機に2017年7月に残りの40％を仏ENGIE社から取得した〔■2017年2月4日の海外原子力事業からの撤退方針後の追加取得である。おそらく，ENGIE社が東芝に買取りを強く求めていたのであろう〕。

　一方で，東芝は，NuGenへの新規出資者の募集及び出資希望者への東芝保有株式の売却について検討していた。しかし，2018年度中にNuGenの株式売却完了の見通しが立たないこと，及びNuGen維持費用の継続負担などを勘案して同社を解散することになった。

　NuGenの最近3期間の売上高はゼロ，2016年3月期の当期純損益は▲3億8,000万円，2017年3月期は▲69億1,400万円，2018年3月期は▲102億2,700万円，3カ年合計225億2,100万円の損失である。また，東芝は連結子会社であるアドバンスエナジーユーケー社（AEUK）がNuGenの株式を100％所有し，その関係会社株式評価損は39億円と指摘している。NuGen株60％の取得と残りの40％のENGIEからの株式取得に要した金額は不明だが，英国原子力開発事業に係る損失も少なくとも800億円を超えるものと推測される。

4　東芝ガバナンスの崩壊

(1) "経営者はどこに行ってしまったのか？"

　本書96頁で見たように，佐々木則夫社長時代の東芝の事業の「集中」と「選択」は全体的に小型であった。原発事故で抱える巨額な含み損を解消し，新たな展望を切り開く抜本的な企業構造改革ではなかった。そして，続く田中久雄社長も室町正志社長も不正会計処理に追われ，再生東芝のための改革案を提示することができなかった。第三者委員会は東芝を「当期利益至上主義」と断じたが，彼らは目先の安易な手段で取り繕っているだけであった。

　ジャーナリスト児玉博氏が，生前の西田厚聡元社長にインタビューした[37]。「3.11後に，どんな打つ手があったのでしょうか？」

　西田氏「予測できないのは誰だって予測できなかったわけだから。しかも，3.11以前の段階で，世界の原子力事業の状況では別にウェスチングハウス買収が間違っていたなんて僕は全然思ってないですよ。

　<u>ただ問題は，3.11が起こったあと，状況に大きな変化があったわけだから，世界の原子力事業はどうなっていくのかを予測し，構造改革をやるとか，人員削減をするとか。これが経営なんですよ。それをなにもしてこなかったっていうことでしょう，結局は</u>（下線著者）」

　■下線部分について。事実はそのとおりであろう。社長の責任は重い。しかし，西田氏は2009年6月から2013年6月まで東芝取締役会長。対立が激化したとはいえ，"ツートップ体制"という意味からは，佐々木社長とともに構造改革を進めるべき立場にあった。

　2015年9月に東芝の社外取締役に就任した小林喜光三菱ケミカルホールディングス会長（当時）は，東芝の不適切会計の原因を問われると「総花的に事業を展開しリストラが遅れたことも一因だ。業績が良ければ不適切な会計処理をしようとは誰も思わない。利益を残せない事業を残してしまったのが最大のポイントだ。…… 国際競争は激しくなっている。もっと明確に捨てるべき事業は捨てる，集中すべき事業には集中すべきだろう。ここ数年内で抜本的に取捨選択しなけなければならない[38]」と答えた。

　2015年3月期の東芝の子会社は584社，関連会社（持分法適用会社）は217社，グループ全体の従業員は198,741人。帝国データバンクの内藤修氏によると，「東芝と国内主要関係会社29社の取引先は，国内だけで22,244社に上る。うち7割超が年間売上高10億円未満の中小企業だ。これらは直接取引する会社。下請けも含めると，関連する企業や従業員の数は膨大となる[39]」

　東芝が大規模なリストラや事業の縮小などを行えば，本体にはもちろん，これらの中小企業やその従業員・家族へのダメージもきわめて大きい。佐々木社長と田中社長は，重い，つらい決断を避けた（その後，室町正志社長は2015年12月21日，「2016年3月までに国内外で10,600人を削減」と発表（本書36頁））。

　失礼ながら，東芝には経営者がいなかった。

(2) "ムラ化"した原子力事業

東芝の原子力発電所建設は，国内では実績があるものの海外での経験はゼロ
だった。原子力技術は高度な専門性が要求される。しかも，各国特有の安全
基準・規則があり，契約条件なども異なる。どうしても，現地の経営陣任せ
になってしまう。こんな話もある。

2017年3月に経営破綻したWHは2018年1月にカナダの資産運用会社ブルッ
クフィールド〔Brookfield Asset Management Inc.〕に買収されたが，同年3月
には米連邦破産裁判所から再建計画の了承を得た[40]。翌4月，WHのホセ・
グティエレス最高経営責任者（CEO）が毎日新聞の取材に応じ，経営破綻の
原因を問われた同氏は，次のように答えた[41]。

「米国での原発建設が問題だった。約30年ぶりの新規建設で，既に経験が
失われており，WHも機材の納入業者も準備が整っていなかった。米国原発
建設会社の買収などで困難を克服しようとしたが，最終的には連邦破産法11条
の適用を申請する以外に選択肢がなくなってしまった。

当時，業界は『原子力ルネサンス』といわれ，今では思い出せないぐらい
多くの原発建設が計画されたが，振り返れば現実的ではなかった。リーマン・
ショック後に電力需要が落ち込み，米欧の電力会社は多くの発電所がいらない
と気づいた。米国ではシェールガス・ブームでガス価格が下がり〔電気料金も
それに引きずられて低下する〕，福島第一原発の事故も発生した。破綻はこうし
た要因が組み合わされた結果だ」

WHのCEOは，同社破綻の原因の1つに，**WHの2008年米国での4基の原発
建設受注は〔1979年に発生したスリーマイル島原発事故の影響で新規の原発建設が
ストップし〕約30年ぶりの新規建設で，すでにWHの経験が失われていたこと，
また，WHも機材の納入業者も準備が整っていなかったこと，そして，すでに
リーマン・ショック後に米欧の電力会社の原子力発電所建設需要は後退して
いたこと**，という驚くべき事実を指摘した。

これはWHのケースであるが，東芝は海外原発事業に係るリスクを適時かつ
的確に把握できていなかったのではないか。

　2017年 2 月14日，綱川社長はWHの株式売却と海外の原子力事業からの撤退を表明，同時に，「原子力事業に対するリスク管理・モニタリング強化を目的に，原子力事業監視強化委員会を新設し，原子力事業を社長直轄組織とする」と発表した⁽⁴²⁾。

　原子力事業を社内カンパニーから独立させて，社長直属とする組織改革は何を意味するのか。

　それは，これまでの原子力事業の中核であったWHの経営を東芝本体がコントロールできていなかったからにほかならない。そして，STPにしても，計画のイニシアティブを握るNRGが2011年 4 月に撤退を発表したのに，東芝は継続を声明。7 年後の2018年 5 月になって，STPに係るコスト増に耐え切れず，資金提供者も現れないことなどから事業採算性の確保に目途が立たなくなったという理由で撤退したのである。7 年間も「ほっぽらかして」いたのである。さらに，英国における原子力プロジェクトへ参入は2014年 6 月であるが，福島原発事故後の原発に対する世界的需要が目に見えて後退し，しかもそれまでの米国での原発建設受注実績は 8 基にすぎず，その完工も遅々としている中での参入，4 年後このプロジェクトからも売上実績 0 で撤退した。

　東芝の原子力事業は "ムラ化" していた。否，東芝の経営陣が "ムラ化" させてしまったと言うべきか。東芝のガバナンスは明らかに崩壊していた。

　東芝がWHの株式取得を完了した2006年10月，当時の西田厚聰社長は「東芝の原子力事業は現在約2,000億円である」と述べていたが（本書56頁），最近 6 事業年度においては次頁の**表 6 - 3** のように推移した。

　2015年 3 月期に計上した売上高6,554億円は翌2016年 3 月期にはなんと2,151億円と大幅にダウン，そして，2017年 3 月期以降は2,000億円を割り徐々に後退，2020年 3 月期は1,400億円，直近の2021年 3 月期は1,576億円である。2006年10月のWH株式取得完了の際，東芝は，「2020年には売上高約9,000億円に拡大」と発表していた（本書56頁）。

表6-3 東芝原子力事業の推移

（単位：億円）

	2016.3	2017.3	2018.3	2019.3	2020.3	2021.3
売上高	2,151	1,821	1,686	1,691	1,400	1,576
営業損益	81	▲451	18	116	162	170

（注）　各年度の東芝CFO発表の「連結決算」より作成

　東芝が"社運"を賭けたWHを含む原子力事業の海外進出は完全に失敗に終わった。

〔付記〕

　2022年5月3日の日本経済新聞は，こう伝える(43)。

　米国には2021年末時点で55カ所，93の原子炉があり，発電量の約2割を原子力が占める世界最大の原子力大国だ。しかし，「2000年代後半に始まったシェール革命以降は天然ガスの価格が低下してガス火力発電の競争力が増した。原発が競争力を失ったことで，エネルギー省によると，2013年以降に12の原子炉が運転寿命の到来前に廃炉に追い込まれた。2021年4月にはニューヨーク市の電力の約4分の1を供給していたインディアンポイント原発が廃炉となり，ガス火力の発電が隙間を埋めるように増加した」

　とすると，「遅い」と断定した2017年2月時点における東芝の海外原発事業からの撤退表明も，それなりに評価することができようか？

5　"アクティビスト"に翻弄される東芝

　本書77頁で指摘したように，東芝は，WHの経営破綻により損失1兆3,942億円を計上した結果，2016年度の連結当期純損失は9,656億円となり，2017年3月31日時点で連結株主資本は▲5,529億円，連結純資産は▲2,757億円と債務超過に陥り，連結財務諸表の注記には，「当社には継続企業の前提に重要な疑義を生じさせるような事象または状況が存在している」旨が記載された。

　2017年8月1日，東芝は東京証券取引所第一部から第二部に降格。大手家電では2016年のシャープに次ぐ2例目で，2018年3月末までに債務超過を解消

できなければ上場廃止となる。

11月19日，東芝の取締役会は，WH破綻に係る親会社保証の弁済金（本書103頁）を早期に完済し債務超過を解消することによって上場を維持するために，第三者割当増資を決議した。東芝は，公募による普通株式の発行，国内第三者割当による普通株式の発行，優先株式の発行，新株予約権無償割当などの代替案も検討したが，一刻も早く返済資金を確保することが不可欠であったため，同社のアドバイザリーであるゴールドマン・サックス証券が提案する総勢約30社，60のファンドを引受先とした第三者割当増資を決めたのである(44)。

12月5日，割当先からの払い込みが完了。幸い債務超過は解消でき上場廃止は免れたが，海外投資家の比率は約6割を占め，物言う株主が2割を超えたのである(45)。

今，"アクティビスト"と称される「物言う株主」に翻弄される東芝を見ると，これまで東芝を支えてきた三井住友銀行，みずほ銀行，三井住友信託銀行の主力3行を中心とする銀行団は，なぜ動かなかったのだろうか？

2017年3月31日現在，東芝の銀行からの借入金は合計9,779億円（短期借入金3,575億円，長期借入金6,204億円）であった(46)。東芝は言う。「金融機関からの追加借入という手法も考えうるものの，当社はすでに複数の金融機関との間の借入れに係る契約において財務制限条項に抵触している状態であり，〔返済資金の原資となる〕合計5,178百万米ドル〔約5,900億円〕もの多額の追加借入は容易でないこと及び東芝メモリ売却後の安定的な事業運営実現に向けた財務体質の回復・強化が急務であることに鑑みれば，借入れでなく，第三者割当によることが最も合理的な手法ではないかと判断した(47)」。

東芝は上記のように指摘しているが，一方で，メインバンク3行や三菱UFJ銀行，横浜銀行や静岡銀行，福岡銀行などの地銀を含む80行で構成する銀行団は，東芝との関係をこれまで以上に持つことに難色を示していたのである。銀行団は，次から次へと不正会計が発覚し，二度も決算発表を延期している東芝に不信感を持っていた。そして，継続企業の前提に疑義のある状況に陥っていると財務諸表で注記し，その財務諸表にPwC監査法人による限定付意見が付され，内部統制報告書には不適正意見が添付された東芝の株式を引き受ける

ことはガバナンスの立場からもできなかったのである⁽⁴⁸⁾。

2018年4月，東芝としては53年ぶりに外部出身トップとして車谷暢昭氏
（元三井住友銀行副頭取）が会長兼CEOに就任（2020年4月から社長兼CEO）。

6月，収益の柱であった半導体子会社東芝メモリの全株式を投資会社
Bain Capital Private Equity, LPに2兆3億円で売却（その後40％を3,505億円で
再取得，持分比率40.2％），売却益9,655億円を含み2019年3月期は1兆132億円
の連結当期純利益を計上。

2020年3月期，当期損失1,146億円の赤字。赤字の主たる要因は米液化天然
ガス（LNG）事業の売却に伴う損失約900億円。

2021年1月，東証第二部から第一部に復帰。

4月7日，英国投資ファンドのCVCキャピタル・パートナーズなどによる
買収の初期提案を受領したと発表。

4月14日，車谷社長兼CEOが辞任，綱川智氏が社長に復帰。

4月19日，CVCが「検討中断」との書面を送付，買収交渉は実質中止。

6月10日，外部弁護士からなる委員会は，2020年7月の株主総会の運営に
関して「公正に運営されたものではない」との報告書を発表。

11月9日，日本経済新聞は一面で「東芝，事業別に3分割，総合電機に幕」
と報じる⁽⁴⁹⁾。

11月12日，東芝は，2023年度にグループ全体をインフラサービス社，デバイ
ス社，東芝（半導体のキオクシアホールディングス株などの管理）の3つに分割し，
前2社の上場を実現すると発表⁽⁵⁰⁾。

2022年2月5日，東芝，再編計画の3分割案を2分割に見直し。「東芝」（発
電，公共インフラ，ITソリューション，キオクシア株管理など）と「デバイス会社」
（パワー半導体，HDD，半導体製造装置など）の2社に分割，デバイス会社を
上場する予定⁽⁵¹⁾。

2月6日，日本経済新聞は伝える⁽⁵²⁾。「"アクティビスト"に翻弄される
東芝。取締役会8人のうち，執行役を兼ねる取締役は綱川智社長と畠澤守
副社長のみで，残る6人は社外取締役，このうち4人は東芝がアクティビスト
との協議を経て受け入れた人物」

　2月7日，東芝，2社分割に修正と発表。3月に臨時株主総会を開き，賛否を諮る。

　3月1日，NHKのお昼のニュースは「綱川智社長辞任」と伝えた。

　3月10日，福岡地裁は，九州・沖縄5県の個人株主21人が東芝や旧経営陣5人に計約7,400万円の損害賠償を求めた訴訟の判決で，東芝に対し，うち17人の計約1,450万円を支払うよう命じた。原告弁護団によると，東芝の不正会計を巡る集団訴訟は，東京，大阪，高松の3地裁でも起こされており，判決は福岡地裁が初めて。4地裁の原告は計約450人で，総額約19億円を請求している(53)。

　3月24日，東芝の臨時株主総会，2社分割案を否決。

　5月28日，東芝株主総会。「統治混乱，定まらぬ針路」「事業計画，社外取が握る」「東芝非上場化に異論噴出」(54)

　東芝，「空転」続く。

　"町のランプがお花になった，マツダランプだ 明るく咲いた，とんとん東芝遠太鼓，たのしいお祭りもう近い"。

　子どもの頃，隣の部屋のラジオから流れるこの歌で目が覚めた。うろ憶えだが，今でもメロディーを口ずさんでしまうことがある。

　1904年に創立された東芝は，「飽くなき探求心と熱い情熱」「イノベーションへの挑戦」という創業の精神を技術力で実現してきた。だから，東芝にはいくつもの「日本初」や「世界初」がある。

　1879年にトーマス・エジソンが世界で初の白熱電球を発明したが，そのエジソンから指導を受けた東芝創業者のひとり藤岡市助が1890（明治23）年に日本で初めて白熱電球を開発。以来，日本初の扇風機（1894），二重コイル電球（1921），ラジオ受信機（1924），自動式電気洗濯機（1930），電気冷蔵庫（1930），電気掃除機（1931），蛍光ランプ（1940），自動式電気釜（1955），電子レンジ（1959），カラーテレビ（1960），日本語ワープロ（1978），そして，世界初の電球形蛍光ランプ（1980），インバーターエアコン（1981），ラップトップコンピュータ（1985），DVDビデオプレーヤー（1996）などなど。東芝製品は私たちの夢を実現してくれた。

そして，それらの成果は，東芝が，多様な価値観，幅広い知識・経験を持った
ステークホルダーとの対話を通して，社会の潜在的なニーズを先取りしながら，
新たな価値創造に結び付けてきたからだ。人々の期待を正面か受け止め，真理を
探究してきたからだ。経営再建を進める東芝は，一案として「非上場化」を考え
ているという。非上場化によりステークホルダーを遠ざけたら，東芝の将来はない。
　東芝には是非とも再生してほしい。強く願っているひとりである。

注

⑴　東芝「2017年度連結決算」，2018年5月15日，8頁。東芝2019年3月期有価証券報告書，
　　2019年6月25日，127頁
⑵　日立製作所2021年3月期有価証券報告書，2021年6月23日，111頁
⑶　トヨタ自動車2009年3月期有価証券報告書，2009年6月24日，83頁。日本経済新聞「ト
　　ヨタが赤字に転落」，2008年7月30日
⑷　日立製作所代表執行役中西宏明「日立の経営について〜事業構造改革と経営基盤の強化」
　　未来投資会議 構造改革徹底推進連合講演資料，2016年12月8日
⑸　東芝代表執行役佐々木則夫「2009年度経営方針説明会」，2009年8月5日，10頁
⑹　東芝代表執行役佐々木則夫「2012年度経営方針説明会」，2012年5月17日，9頁
⑺　『フライデー』「危機の東芝が頭を抱える『もう一つの巨大事業トラブル』」，2015年8月
　　7日号，79頁
⑻　東芝2018年3月期有価証券報告書，2018年6月22日，130頁
⑼　東芝代表執行役佐々木則夫「2009年度経営方針説明会」，2009年8月5日，5頁。東芝
　　代表執行役副社長村岡富美雄「2009年度連結決算」，2010年5月7日，4頁
⑽　東芝代表執行役佐々木則夫「2011年度経営方針説明会」，2011年5月24日，8頁。東芝
　　代表執行役副社長村岡富美雄「2010年度連結決算」，2011年5月9日，5頁
⑾　代表執行役専務久保誠「2011年度連結決算」，2012年5月8日，4頁
⑿　東芝2015年3月期有価証券報告書，2015年9月7日，2頁
⒀　代表執行役専務久保誠「2012年度連結決算」，2013年5月8日，4頁
⒁　東芝2015年3月期有価証券報告書，2015年9月7日，2頁
⒂　朝日新聞「東芝 異例人事の背景に…2013年のトップ交代劇」，2015年7月15日
⒃　小笠原啓『東芝粉飾の原点 — 内部告発が暴いた闇』日経BP社，2016年7月，301頁
⒄　東芝「ウェスチングハウス社の社長交代について」，2012年9月27日
⒅　産経新聞「東芝原子力解体 — 歪みの代償 WH暴走，口挟めぬ東芝」，2017年4月12日
⒆　『週刊ダイヤモンド』「東芝 終わらざる危機 — 巨額減損リスク抱える"爆弾"，原発子
　　会社が陥った袋小路」，2015年8月1日，9頁

⑳　東芝「新経営体制，ガバナンス体制改革策及び業績予想について」，2015年 8 月18日

㉑　毎日新聞「東芝甘い原発見通し」，2015年11月28日。読売新聞「東芝 巨額損失を謝罪，米原発子会社『事業は順調』強調」，2015年11月28日

㉒　産経新聞，前掲⒅，2017年 4 月12日

㉓　同上

㉔　東芝「代表執行役の異動（辞任）に関するお知らせ」，2017年 2 月14日。日本経済新聞「米WH会長 引責辞任」，2017年 4 月 5 日。日本経済新聞電子版「米WHのロデリック前会長，報酬21億円 WH破綻前の年間報酬」，2017年 5 月31日

㉕　『日経ビジネス』「またも約束守られず，株主もあきれる東芝総会」，2017年 6 月29日。日本経済新聞「東芝総会ドキュメント，株主『もう諦めた』」2017年 6 月28日

㉖　東芝2016年 3 月期有価証券報告書，2016年 6 月22日，158－159頁。東芝代表執行役社長綱川智「2016年度第 3 四半期および2016年度業績の見通し並びに原子力事業における損失発生の概要と対応策について」，2017年 2 月14日，24頁

㉗　東芝代表執行役社長綱川智「米国原子力発電所建設プロジェクトに係る当社親会社保証に関する米国電力会社（米国ジョージア電力社他）との合意について」，2017年 6 月10日

㉘　東芝代表執行役社長綱川智「米国原子力発電所建設プロジェクトに係る当社親会社保証の保証上限額と支払いスケジュールの確定について」，2017年 7 月28日

㉙　日刊工業新聞（電子版）「米スキャナ電力，WHに発注の原発建設中止」，2017年 8 月 1 日

㉚　東芝「米国原子力発電所建設プロジェクトに係る当社親会社保証に関する米国電力社（米国ジョージア電力社他）への早期弁済について」，2017年12月14日

㉛　東芝「米国原子力発電所建設プロジェクトに係る当社親会社保証に関する米国電力社（米国サウスカロライナ電力＆ガス社他）への早期弁済について」，2018年 1 月12日

㉜　東芝「米国でのABWR型原子力発電所の事業開発会社への出資について」，2008年 3 月26日

㉝　REUTERS（ロイター）「米NRGエナジー，東芝参加の原発増設計画を断念」，2011年 4 月20日

㉞　『東洋経済ONLINE』「東芝の米国案件が頓挫，崩れゆく原発輸出ビジネス」，2011年 5 月20日

㉟　東芝「当社海外子会社のテキサス州原子力プラント建設プロジェクトからの撤退に関するお知らせ」，2018年 5 月31日

㊱　東芝「英国における原子力発電所新規建設事業からの撤退に伴う海外子会社の解散及び関係会社株式評価損（個別）の計上に関するお知らせ」，2018年11月 8 日

㊲　児玉 博「元東芝社長・西田厚聰氏『死去 2 カ月前の "遺言"』」『NEWSポストセブン』，2017年 2 月11日

㊳　日本経済新聞「東芝，事業の整理必要」，2015年 8 月27日

㊴　『週刊エコノミスト』「東芝『不正会計』の呪縛」，2015年 8 月 4 日，19頁

㊵　毎日新聞「破綻WH『原発需要が誤算』」，2018年 4 月24日

⑷ 同上

⑷ 東芝代表執行役社長綱川智，前掲⒁，2017年2月14日，17頁

⑷ 日本経済新聞「米，原発延命に7800億円 ― 脱炭素推進へ廃炉阻止，大型炉の新規案件停滞で」，2022年5月3日

⑷ 東芝代表執行役社長綱川智「第三者割当による新株式の発行に関するお知らせ」，2017年11月19日。Reuters（ロイター）「焦点：東芝の巨額増資，GS独り勝ちの衝撃 新たな火種警戒も」，2017年11月28日

⑷ 毎日新聞「東芝 物言う株主 攻防」，2021年6月24日，「東芝混迷 不正会計発覚から」2022年4月19日

⑷ 東芝2017年3月期有価証券報告書，2017年8月10日，124-125頁

⑷ 東芝代表執行役社長綱川智，前掲⑷，2017年11月19日

⑷ 『週刊現代』「東芝『潰すか救うか』メガバンクのトップが本音を明かした」，2017年4月8日。Reuters（ロイター），前掲⑷，2017年11月28日。毎日メディアカフェ「東芝問題・連続イベント『銀行は役割を果たしたのか』毎日新聞，2018年5月23日

⑷ 日本経済新聞「東芝，事業別に3分割」，2021年11月9日

⑸ 東芝代表取締役社長綱川智「東芝グループの戦略的再編について」，2021年11月12日。毎日新聞「東芝 複合経営重荷に，3分割『飛躍へ最善の道』」，2021年11月13日。日本経済新聞「東芝，23年度に3分割，脱総合で生き残り」，2021年11月13日

⑸ 日本経済新聞「東芝，空調子会社を売却，3分割案は2分割に」，2022年2月5日

⑸ 日本経済新聞「株主の要求，東芝翻弄」，2022年2月6日

⑸ 毎日新聞「東芝不正会計で株価下落に賠償，福岡地裁判決」，2022年3月11日

⑸ 日本経済新聞，2022年6月30日。毎日新聞，2022年6月29日

第 7 章

コーポレート・ガバナンス
―― 企業の持続的な成長と発展のための仕組み ――

　東芝の根本的な欠陥は，"コーポレート・ガバナンス"にあった。企業は，東芝事件を「他山の石」としなければならない。

　とは言え，そもそもコーポレート・ガバナンス（corporate governance）とは何か？　「企業統治」と訳されるが，しっくりこない。

　本章は，「企業の社会的責任」の視点からコーポレート・ガバナンスとその展開について考察する。

1　企業の社会的責任 ―― 米国と国連における進展

　「企業の社会的責任」（CSR：Corporate Social Responsibility）とは，言うまでもなく，「企業は社会の一構成員として，社会に何をもたらすために存在するのか」という，社会的存在としての企業の果たすべき責任のことである。

　米国においては1940年代からその議論が行われた。その背景には，公害問題がある。1940年代からピッツバーグ，ロスアンゼルス，サンフランシスコなどにおいて大気汚染が拡大していたのである。ピッツバーグは1946年に煤煙防止条例を制定，ロスアスゼルス郡（county）は1949年に大気汚染防止局を，サンフランシスコ周辺の6つの郡は共同して1955年にサンフランシスコ湾岸大気汚染防止局を設置，汚染物質を排出する自動車，製鉄，石油，化学などへの監視を強化した。そこで，経営者も新しい企業の存在価値を考えざるを得ない状況に追い込まれたのである[1]。

　1950年代になると，市場を通じて財・サービスの取引が自由に行われる経済を意味する「市場経済」という新しい概念が登場し，消費者の存在が大きく

クローズアップされる⁽²⁾。1962年，ケネディ大統領（1961.1〜1963.11）は，「消
費者の利益保護に関する特別教書」（"Special Message to the Congress on
Protecting the Consumer Interest"）において，消費者の４つの権利，すなわち
「安全を求める権利」「知らされる権利」「選ぶ権利」「意見を聞いてもらう権
利」を明記した。この教書は，その後の米国における消費者政策展開の出発点
となったといわれている⁽³⁾。また，同大統領は，1963年12月，"Clean Air
Act"（米国初の最も影響力のある現代環境法の１つ）を制定，1965年改訂法は
自動車の排気規制を定めた。そして，1965年には弁護士ラルフ・ネーダーが
欠陥自動車を告発したことが発端となり"コンシューマリズム"（消費者運動）
が広がった⁽⁴⁾。

　1970年代には，ウォーターゲート事件の調査の過程で判明した違法な政治
献金や多国籍企業による贈賄，オイルショックによる"狂乱物価"などを契機
として企業の社会的責任が追及された。企業は裁判に負け多額の懲罰的賠償金
を命じられ，製品の買い控えや発注停止などによる事業機会の喪失を招き，
その対応を余儀なくさせられた⁽⁵⁾。

　このような動きの中で，米国企業は，「行動規範」（code of conduct）を定め
た。例えば，テキサス・インスツルメンツの「倫理行動規範」（初版1961年。
その後2008年までに９回改訂）の最初のページには，「期待通りに収益を上げる
ことと，倫理的に正しい行為のどちらかの選択を迫られた場合，私たちは
迷わず正しい行為を選びます」との会長のメッセージが載せられた⁽⁶⁾。

　今世紀に入ると，MDGs（Millennium Development Goals）とESG（Environment,
Social, Governance）という用語が登場する。
　2001年，ガーナ出身のアナン国連事務総長（1997〜2006年）は，MDGs（ミレ
ニアム開発目標）を提唱。2000年９月に採択された国連ミレニアム宣言を基に，
2015年までに達成すべき８つの目標を掲げ，その達成を目指した。８つの
目標は，極度の貧困と飢餓の撲滅，初等教育の完全普及の達成，ジェンダー
平等推進と女性の地位向上，乳幼児死亡率の削減，妊産婦の健康の改善，
HIV／エイズ・マラリアなどの疫病の蔓延防止，環境の持続可能性の確保，
開発のためのグローバルなパートナーシップの推進である。

　MDGsは国や政府機関のイニシアティブにより開発途上国の貧困・教育・健康・環境などの改善に成果を上げたが，一方で，乳幼児死亡率の削減や妊産婦の健康の改善は目標に及ばず，また，環境の持続可能性の確保のためには二酸化炭素の排出量を削減することが不可欠であるが，その排出量は1990年に比し50％以上も増加した。先進国と途上国の格差の拡大も問題になった[7]。MDGsは，後述するようにSDGsに継承される（本書131頁）。

　そして，**2006年，アナン国連事務総長は，世界経済フォーラム（ダボス会議）において，機関投資家としての金融機関に対して，受託者責任としての意思決定プロセスにESG課題（環境・社会・企業統治）を反映させるべきとする「責任投資原則」（PRI：Principles for Responsible Investment）を提唱した**[8]。

2　社会的責任の視点 ——「社会に原点を置いて企業のあり方を考える」

　わが国においては，1968年に「大気汚染防止法」が制定されたが，1970年代の公害問題をきっかけに高まった企業の社会的責任について，「企業の社会的責任は利益をあげ，税金を納めることに尽きる」と言い切ったのは松下電器産業の創業者，松下幸之助氏である[9]。

　しかし，これで大企業批判が収まったわけではない。その流れを変えたのは，東京電力会長で経済同友会代表幹事だった木川田一隆氏だ。

　1973年4月，木川田氏は経済同友会代表幹事所見「社会進歩への行動転換」の中で，企業と社会を対置させて考えていく発想を捨て，市場経済の範疇にない社会的資源の保護や公害などの環境問題も企業の社会的責任として捉えることによって，「企業と社会の一体化の新しい意味合いがあり，企業と社会の新しい秩序維持と発展のための出発点がある」と主張した[10]。つまり，「企業を原点に社会を見る態度から，社会に原点を置いて企業のあり方を考える」と，発想を180度転換する企業の社会的責任論を展開したのである。

　木川田一隆氏のこの視点は，その後の経済同友会によって引き継がれる。

〔付記〕

　確かに，木川田一隆氏（1899 - 1977）は目立っていた。私が大学に入学したのは1962年。木川田氏は1961年に東京電力社長に就任，63年に二度目の経済同友会の代表幹事に選出され（～1974），人間尊重を理念とし，民間企業の競争的協調を主張，積極的な行動は紙面のトップを飾ることもしばしばあった。

　その木川田一隆氏について，高倉克也氏（日本設備工業新聞社 代表取締役社長，当時）は，「理想と現実のはざまで」と題し，次のように述べる[(11)]。

　木川田氏は，原子力の安全性に強い疑念を抱き，原発の導入に真っ向から反対していた。「原子力はダメだ。絶対にいかん。原爆の悲惨な洗礼を受けている日本人が，あんな悪魔のような代物（しろもの）を受け入れてはならない」と一歩も譲らなかった。

　しかし，時代が原発推進を国策化する方向で動いていく中で，1962年，東京電力社長として木川田氏は，生まれ故郷の福島に原発を建設する計画を発表，1971年3月，福島第一原発1号機が稼働した。完成を見届けた木川田氏は同年，10年務めた社長の座を退いて会長に就任した。

　「だが，木川田氏の危惧していたことが現実に起こった。彼が生みの親となった福島第一原発から大量の放射性物質が漏れ出し，国と電力業界が半世紀にわたって強弁してきた安全神話は一瞬で崩壊した。『企業を原点に社会を見るのではなく社会に原点を置いて企業を見る』と主張し，原発建設に反対していた木川田氏が生きて震災後の故郷を見たら，いかなる社会的責任を果たそうとしたのだろうか」

3　社会的責任としての「企業倫理」と経団連

　1988年，リクルート事件が発覚した。政界・官界・マスコミ界を巻き込んだ未公開株の贈収賄事件である。「企業倫理」の問題が企業の社会的責任の問題として大きく取り上げられた。

　そこで，経団連は，1991年に「企業行動憲章」を定め，企業は広く社会全体にとって有用な存在であることを認識し，「企業の社会的役割を果たす7原則」と「公正なルールを守る5原則」ならびに「経営トップの責務3原則」を掲げた[(12)]。

　しかし，日本航空電子工業のミサイル部品不正輸出事件（1991年），大林組ゼネコン汚職事件（1994年），日立製作所談合事件（1995年），大和銀行ニューヨーク支店事件（1995年，本書170頁），髙島屋による総会屋への利益

供与事件（1995年），住友商事銅取引ディーラーによる約2,800億円もの簿外取引損失事件（1996年）などが発覚した。

　1996年7月，経団連は新たな「企業行動憲章」を発表，国の内外を問わず，すべての法律，国際ルールおよびその精神を遵守するとともに社会的良識をもって行動すると表明した[13]。

　にもかかわらず，1997年には，味の素や野村證券，第一勧銀，三菱電機，三菱地所，三菱自動車などの著名企業による総会屋への利益供与が露呈した。

　危機感を共有したトヨタ自動車，松下電器，東京電力など有力7社のトップの呼びかけにより同年（1997年），「経営倫理実践研究センター」が設立され，会社によっては倫理担当役員を任命するなど，経営倫理確立のための具体的な行動を起こす動きも見られた[14]。

　また，住友銀行は，1999年3月，"コンプライアンス・マニュアル"を作成，倫理法令遵守問題を専門的に扱う「リスク管理委員会」も取締役会に設置した。NECは同年5月，組織の自浄メカニズムがより迅速かつ効果的に働くよう，報告相談用の専用電話や電子メールでのアクセスを準備した[15]。

4　コーポレート・ガバナンス論スタート —— 経済同友会

　上述のような企業の社会的責任論議の展開において，わが国のコーポレート・ガバナンス論をリードしたのは経済同友会である。

　2000年，経済同友会は，「21世紀宣言」を発表，次のように主張した[16]。

　「市場は価格形成機能を媒介として資源配分を効率的に進めるメカニズムを備えているが，社会の変化に伴い市場参加者が『経済性』に加えて『社会性』『人間性』を重視する価値観を体現するようになれば，それを反映して市場の機能もより磨きのかかったものとなる。市場はそのようなダイナミズムを内包している。市場は社会の変化と表裏一体となって進化するものである。

　事実，今日の社会は『経済性』に限らず多様な価値尺度で企業を評価するようになっている。例えば，環境への配慮や様々な社会的課題の解決に取り組む企業を選別するグリーン／ソーシャル・コンシューマリズムや企業評価基準に社会性指標を組込んだ『社会的責任投資』〔SRI：Socially Responsible

Investment。環境・社会的メリットと経済的リターンの両方を配慮した戦略的投資〕といった新しい投資ファンドなどは，そうした先駆け的な動きである。こうした動きがさらに一般的になれば，広い意味で経済的評価と社会的評価が市場の評価として総合化されていくと考えられる。

　我々にとって重要なのは，こうした市場の変化に向けて積極的にイニシアティブを発揮していくことであり，それによって社会の期待と企業の目的とが市場のダイナミズムを通じて自立的な調和が図られるようになる」

　「経営者として，経済や社会の環境変化に応じて，それぞれの企業に相応しい実効あるコーポレート・ガバナンス＝チェック・アンド・バランスの仕組みを絶えず模索し，実践していく」

　■経済同友会は，市場参加者が経済性のみならず社会性・人間性も重視する価値観を体現するようになれば市場メカニズムを通じて企業と社会は相乗的に発展していくという考え方を「市場の進化」という概念で捉え，その市場の進化に相応しいコーポレート・ガバナンスを模索し実践していく，と決意表明したのである。

　そして，翌2002年，経済同友会は「企業競争力の基盤強化を目指したコーポレート・ガバナンス改革」と題する提言を発表，「コーポレート・ガバナンスとは，企業の持続的な成長・発展を目指して，より効率的で優れた経営が行われるよう，経営方針について意思決定するとともに，経営者の業務執行を適切に監督・評価し，動機付けを行っていく仕組みである[17]」と定義した。

5　コーポレート・ガバナンス論の原点

　2003年，経済同友会は，企業の社会的責任（CSR）の本質を問うことを中心テーマに据え，「第15回企業白書『市場の進化』と社会的責任経営 ― 企業の信頼構築と持続的な価値創造に向けて」を発表した[18]。

　私は，この経済同友会の『企業白書』がわが国のコーポレート・ガバナンス論の原点であり，かつ，その主張は現在にも通じる，と考える。以下，その主たる内容について紹介しよう。少し長くなるが，まさに正当な主張である。

ぜひ最後までお読みいただきたい。

(1)　コーポレート・ガバナンスと4つの要素

　「企業白書」は，「『市場の進化』〔本書122頁〕に伴い，企業には社会的責任を継続して遂行するための新しい仕組みが求められているが，それは，企業が持続的に成長・発展していくための仕組みでもある。その仕組みがコーポレート・ガバナンスである」とする。

　そして，コーポレート・ガバナンスは，①理念とリーダーシップ，②マネジメント体制，③コンプライアンス，④ディスクロージャーとステークホルダーとのコミュニケーションの4つで構成され，それぞれを確立・強化することが必要であると強調する。

①　理念とリーダーシップの確立

　「企業白書」は，経営者の基本的な責任とその使命について，次のように主張する。

　「どのような組織であっても，トップの資質は組織の動向に大きな影響力を持つ。企業経営において，経営者の基本的な責任は『企業の長期的発展』『持続的な価値創造』を確実にしていくことである。社会ニーズや経営環境の変化に対応した変革を進め，企業の社会に対する責任を果たしながら企業競争力を強化していくためには，高い識見と洞察力・行動力，またマネジメント能力などを備えた優秀なトップ経営者が，存分にリーダーシップを発揮して，優れた経営を行うことが重要である。

　また，トップ経営者の使命は，『企業の価値観の主導者（champion of corporate values）としての役割を担うことにもあり，その責任を改めて自覚すべきであろう。企業の存在意義と目的，その役割と責任，重視する価値観などを示す『企業理念』は，単に飾りとして掲げるものでない。それは，企業経営を方向付け，企業文化を築くための根幹であり，コーポレート・ガバナンスの基点に据えられるべきものであろう。それを社内全体に繰り返し伝え，浸透させるのが経営トップの役割であり，経営トップは個人としての志，倫理観，価値観に基づいてその経営理念を自ら体現していかなければならない（傍点著者）」

■企業理念は，企業経営を方向付け，企業文化を築くための根幹である。経営者は，「企業の価値観の主導者」として，経営理念を繰り返し伝え企業全体に浸透させ，自らの信念と価値観に基づいて経営理念を自ら体現していかなければならない。けだし至言である。

　ところで，企業の発表する年次報告書などには，"ミッション"，"ビジョン"，"バリュー"という用語がかなり頻繁に登場する。"ミッション"とは，「企業理念」や「経営理念」であり，まさに企業の「使命」を意味する。"ビジョン"とは，ミッションを果たすための具体的かつ現実的な「目標」（「経営方針」）である。そして，"バリュー"とは，"ミッション"と"ビジョン"を遂行するために，社員・従業員が保持すべき共通の「価値観」（values）あるいは取るべき「行動指針」であろう。
　ANAホールディングスの「経営理念」「経営ビジョン」「行動指針」は，以下のとおりである。

　経営理念（Philosophy）：安心と信頼を基礎に，世界をつなぐ心の翼で夢にあふれる未来に貢献します
　経営ビジョン（Vision）：ANAグループは，お客様満足と価値創造で世界のリーディングエアラインググループを目指します
　行動指針（ANA's Way）：私たちは「あんしん，あったか，あかるく元気！」に，次のように行動します。
　　● 安全（Safety）：安全こそ経営の基盤，守り続けます。
　　● お客様視点（Customer Orientation）：常にお客様の視点に立って，最高の価値を生み出します。
　　● 社会への責任（Social Responsibility）：誠実かつ公正に，より良い社会に貢献します。
　　● チームスピリット（Team Spirit）：多様性を活かし，真摯に議論し一致して行動します。
　　● 努力と挑戦（Endeavor）：グローバルな視野を持って，ひたむきに努力し枠を超えて挑戦します。

（注）　ANA公式サイト「経営理念・ビジョン・行動指針」

　ANAホールディングスの元社長大橋洋治氏は，次のように述べる(19)。

　「2001年社長就任，同年9月11日米国の同時多発テロ発生，世界中が一気に閉じられてしまった。9・11事件が起きた時，このままではダメだと危機感が募り，経営理念とビジョンを改めて作りました。その理念とビジョンを社内に浸透させられたからこそ，どん底の状況を乗り越えられたのだと思います。

　その理念は，今も社員が口にする『あんしん，あったか，あかるく元気！』という言葉で象徴されます。航空会社は安全が命です。しかし，なぜ安全ではなく安心かというと，技術的に安全なのは当然で，むしろ我々はそれを上回る精神的な安心も提供できる会社になろうと考えたからです（傍点著者）」

　そして，主張する。

　「理念は，会社にとって憲法のようなものです。理念があって，その上にビジョンという夢があり，その夢を達成するための物語を作る。それが，経営者の仕事です。理念を社員に浸透させるために，社長時代に数十人ずつ6,000人くらいの社員と話をしたでしょうか（下線著者）」

　■ANAの経営理念もビジョンも行動指針も，"シンプル"でわかりやすい。

　「あんしん，あったか，あかるく元気！」は，「私達らしさとはなにか，を探してたどり着いた言葉である」という。こういうみんなで考えるという姿勢がいい。そして，大橋洋治氏曰く。「理念は会社の憲法，その上に夢を乗せ，その夢を達成するための物語を作るのが経営者の仕事です」。かっこいいナ。そして，経営理念を体現しておられる（下線部分）。

②　マネジメント体制の確立

　「企業白書」は，マネジメント体制の確立には次の2つが不可欠だとする。

（i）　経営トップの選任・評価の仕組み

　「優れた資質を持つ人材をトップ経営者に選任し，そのトップ経営者が適切な経営を行っているかどうかを監督・評価し，場合によっては交代させることができる『仕組み』が必要である。

　優れた経営者が現時点で高い業績をあげている企業でも，そのまま将来にわたって成長し続けることができるとは限らない。ビジネス環境の変化に的確

に対応しながら持続的に企業価値を創造していくためには，経営の業務執行についてトップ経営者個人の資質に過度に依存するのでなく，トップ経営者を客観的な視点から評価・監督していけるようなコーポレート・ガバナンスの仕組みが不可欠である。それは，単に経営者の資質を問うだけではなく，『企業の社会的責任を果たしながら企業競争力を強化し，株主の期待に応えられる経営者』『変化する経営環境下で果敢に挑戦する経営者』を選定・評価し，より優れた経営をめざすために適切にインセンティブを与える意味もある。特に変化の激しい時代では，この必要性はますます高まっている」

(ⅱ)「業務執行」と「経営監督」の分離

「トップ経営者には人事権を含めて実質的な業務執行権限が集中している。このような状況では，例えば企業が社会的責任を果たさないような間違った経営方針が定められてもなかなか軌道修正ができない。当然，客観的な評価も難しく，交代を実現させることなどはきわめて困難である。チェック・アンド・バランスの機能を有効に働かせるためには，実際に『業務執行』を行う役割と，その『経営監督』を行う役割を分離することが望ましい。このような役割分離は，優れた経営に向けた体制整備の第一歩である。

　この一歩を踏み出した後に重要なことは，経営の実践にあたって，それぞれの役割を担う取締役や執行役が，また取締役も社内・社外の立場から，それぞれに求められる役割でのリーダーシップを発揮し，相互に刺激し合い，協調し合いながら，企業全体としての活力を創造していくことである」

　冨山和彦氏（経営共創基盤 CEO，当時）は強調する[20]。
「ガバナンスが利いているということの正確な定義は，『組織の権力メカニズムが健全に作用している』ということです。組織体というのは同時に権力構造，ガバナンスは統治ですからね。企業の権力作用の最たるものはトップ人事です。だからガバナンスが利いていないということの最たるものは，トップ人事がまともに行われていない，ということ。それに尽きます」
　■冨山和彦氏，いつもながらの直球勝負です。そして，"ストライク！"

③　コンプライアンスを徹底するためのガバナンスの確立

すでに指摘したように，企業不祥事が相次ぎ，企業や経営者に対して社会から非常に厳しい目が向けられている中で，「企業白書」は，次のように言う。

「企業が社会の重要な構成員である以上，社会の信頼を得ずして長期にわたってその活力を維持することは不可能である。その意味でも，コンプライアンス（法令・倫理等遵守）はCSR（企業の社会的責任）の観点から見て最低限果たすべき義務であり，CSRを推進する上での前提条件である」

「具体的には，行動憲章や倫理綱領によるだけでなく，『経営者自らが，社内の全ての部署における不正の危険性を常に把握し，その危険性及び法の目的・趣旨を社内の隅々にまで理解・共有させることで的確に法を遵守させ，不正を未然に防止すること』や，『不正行為をおかす社員を内部の相談や通報機能によって思い止まらせ，広く社内外への被害を未然に防ぐこと』などは，いずれも企業・経営者にとって重要な責務である」

■内部通報制度について。2022年6月から「改正公益通報者保護法」が施行され，従業員301人以上の企業や医療法人，学校法人などに対して内部通報制度の整備が義務付けられた。内部通報に詳しい弁護士によると，「内部通報の目安として，従業員100人当たり年間1件という考え方が定着しつつある[21]」そうだ。確かに，企業不祥事の大半は内部通報がきっかけで発覚する。東芝事件はまさにそうだ。「平成の名経営者100人[22]」のダントツのトップに選ばれていた日産自動車のカルロス・ゴーン元会長の逮捕劇も内部通報が始まりだ。

私は，内部通報制度（会社によっては"スピークアップ（speak up）制度"などともいう）は「健康経営」の中核に位置すると考える。職場の透明性を高め，風通しをよくし，働く意欲を喚起させるための重要な手段と考えている。

しかし，内部通報制度を有効に活用するためには，会社側の容易ならざる態勢が不可欠だ。専門部署を設置し，かなり辛抱強い数名のスタッフを配置する。彼らは，通報者と被通報者への数度に及ぶ連絡とそのたびごとの対処，弁護士やカウンセラーを含む専門家への相談，取締役や監査役との協議，ケースによっては取締役会への付議など，大変な労力と精神的負担を負う。経営者が内部通報制度を本気で健康経営とリスク管理に生かす覚悟がなければあまり効果はない。

128

④　ディスクロージャー，ステークホルダーとのコミュニケーションの強化

　経営者が長期的に利益の確保を目指すためには，顧客，従業員，地域社会などをはじめとする様々なステークホルダーにも十分に配慮した経営を行う必要がある。「企業白書」は，次のように言う。

　「ステークホルダーとの関係で重要なことは，企業がその社会的責任に関する活動のプロセスや結果について，自ら積極的にディスクローズ（情報開示）し，ステークホルダーとコミュニケーションを図ることである。社会からの評価を受けることによって，社会のニーズや価値観に照らして自らの経営を評価・チェックすることができる。その意味で，企業にはより高い『透明性（トランスペアレンシー）』と『説明責任（アカウンタビリティ）』が求められており，それが低い場合には企業に対する信頼や評価が損なわれ，長期にわたって活力を維持することは不可能であることを認識すべきであろう。

　また，社会の多様な価値観，幅広い知識・経験を持ったステークホルダーとの対話の過程で出される意見は，企業にとっては未来の価値創造のヒントが詰まった宝庫でもある。社会の潜在的なニーズを先取りしながら，新たな価値創造に結び付けていくことにもつながる」

　日立復活の道を開いた川村隆元社長（本書96頁）が，「投資家の視線をどうとらえているか」との問いに，「投資家は鏡のように企業の真の姿をあぶりだす。彼らの言っていることは大概正しい。この事業をどうして持っているのかというたぐいの議論の場合は特にそうだ。投資家とちゃんと向き合うことは大事どころではなく必須だが，そういうトップは少ない(23)」と答えた。

　■確かに，業界専門の記者やアナリストなどの指摘は鋭い。テーマによっては，取締役会での議論を上回る。"サステナブルな社会"に生きる企業には，ステークホルダーとのコミュニケーションは不可欠である。

　上記のように，「企業白書」（2003年）は，「社会的責任を果たすこと」と「成長・発展を目指すこと」とを対立した目的として捉えるのではなく，両者は相乗発展していくものであると認識し実践していくことこそ，優れた経営である，と主張した。まさに，木川田一隆元経済同友会代表幹事の視点を踏襲

したのである（本書119頁）。

(2)　経済同友会は輝いていた

この2003年「企業白書」発表時の経済同友会代表幹事の小林陽太郎富士ゼロックス社長は，次のように述べる[24]。

「企業の社会的責任（CSR）は単なる法令順守でも社会貢献でもない。それは，企業にかかわるすべての利害関係者（顧客，株主，従業員，地域社会など）を視野に入れながら，経済・環境・社会面における社会ニーズをいち早く価値創造や新しい市場創造へと結び付けていくための自主的な取り組みである。直ちには経済的価値に還元できないような社会ニーズであっても，それをイノベーション（革新）によって突破し，企業の目的との合致点を見出していくことが，企業の活力を生むことにつながる。

例えば，環境保護という社会ニーズに対し，かつては公害対策のように『コスト』として対応した。しかし，積極的に環境配慮製品・サービスを開発し，新しい市場を生み出すことによってビジネスチャンスを拡大していくことをめざせば，それは将来の利益をもたらす『投資』となる。そして，それが循環型の社会の構築にも結び付き，結局は社会にとってもプラスになるのである。…… 現代の日本企業に求められているのは，CSRの具体的実践によって企業の信頼とダイナミズムを回復し，活力ある新しい経済社会の構築を主導していくことだ」

ところで，岡田正大慶応大学教授は，次のように言う[25]。

「ハーバード大学のマイケル・E・ポーター教授らは，2006年に，"Strategy and Society" という論文において，『受動的CSR』から『戦略的CSR』への転換について言及しています。この論文では，企業というのは単純に経済的価値の極大化のためだけに存在するのではなく，社会との結合を目指すべきである，と指摘しました。従来のように，企業が公害などのネガティブな（マイナスの）インパクトを与える存在であるがゆえに贖罪をしなければならないという受動的CSRの考えから脱却して，企業は社会と一体になって双方にとってプラスの価値をつくり出す存在になるべきだ，と主張したのです」

■とすると，経済同友会による2000年の「21世紀宣言」における「市場の

進化」という概念の提唱，2002年，03年の社会的責任経営とコーポレート・ガバナンス改革に関する提言は，ポーターらの主張を先取りしていたのである。経済同友会は輝いていた。

6 　コーポレートガバナンス・コード

　飛んで2014年，安倍政権は成長戦略「日本再興戦略」（改訂版）を閣議決定した。そこでは，「コーポレート・ガバナンスの強化により，経営者のマインドを変革し，グローバル水準のROE〔Return On Equity：株主資本利益率〕の達成等を一つの目安に，グローバル競争に打ち勝つための経営判断を後押しする仕組みを強化していくことが重要である[26]」と指摘した。つまり，コーポレート・ガバナンスとは，「経営者のマインドを変革し，グローバル競争に打ち勝つための経営判断を後押しする『仕組み』」とした。

　これを受けて，金融庁と東京証券取引所も，“コーポレートガバナンス・コード”を2015年6月1日から適用した[27]。

　同コードは，「コーポレートガバナンスとは，会社が，株主をはじめ顧客・従業員・地域社会等の立場を踏まえた上で，透明・公正かつ迅速・果断な意思決定を行うための仕組み」と定義し，「〔ここで提唱する〕主要な原則が適切に実践されることによって，それぞれの会社において持続的な成長と中長期的な企業価値の向上のための自律的な対応が図られ，それを通じて，会社，投資家，ひいては経済全体の発展にも寄与することとなる」と記している。

　「日本再興戦略」も“コーポレートガバナンス・コード”も，経済同友会が2002・03年に発表したコーポレート・ガバナンスの定義，つまり「企業の持続的な成長・発展を担保する仕組み」をベースとしていると言えよう。

　そして，コーポレートガバナンス・コードは，株主の権利・平等性の確保，株主以外のステークホルダーとの適切な協働，適切な情報開示と透明性の確保，取締役会等の責務，株主との対話からなる5つの「基本原則」とこれに関係する31の「原則」を定めている〔■東京証券取引所が発表したものゆえ株主の保護が特に強調されている〕。

　さらに同コードは，資本政策の基本的な方針（政策保有株式など），健全な

事業活動倫理等を含む行動準則の策定と実践，<u>社会・環境問題をはじめとする</u>
<u>サステナビリティ（持続可能性）を巡る課題についての対応</u>（下線著者），女性
の活躍促進を含む社内の多様性の確保，内部通報体制の整備，監査役と外部
会計監査人の役割，取締役会と社外取締役の役割と責務など47の「補充原則」
も示している。

7　用語が躍る ── SDGs，CSV，サステナビリティとは？

　最近のメディアは"SDGs"を大きく取り上げ，有力企業の中期計画や統合
報告書などには"CSV"という用語が登場し，東京証券取引所のコーポレート
ガバナンス・コードは前述のように上場企業に"サステナビリティ"への取組
みの開示を求めている。

①　SDGs

　SDGs（Sustainable Development Goals）の"Sustainable Development"とい
う用語は，1987年に国連の「環境と開発に関する世界委員会」が発表した報告
書（"Our Common Future"）において初めて用いられたという[28]。そこにおけ
る"Sustainable"（「持続可能な」）とは，「将来の世代のニーズを損なうこと
なく，現在の世代のニーズを満たすこと」という意味のようだ。同委員会は，
議題のテーマである環境と開発は互いに反するものではなく共存し得るものと
捉え，環境保全を考慮した節度ある開発が重要であると主張した。つまり，
"Sustainable Development"は，自然と共生する持続可能な社会システムを
めざす環境保護思想のキーワードとして登場したのである。

　そして，1992年，リオデジャネイロで開かれた「地球サミット」において，
参加国は，地球環境への影響を最小限にしたうえで，経済も発展させることを
目的とした「アジェンダ21」を採択した。そこには，大気の保護，森林破壊や
土砂流失・砂漠化の防止，水質汚染の防止，有害物質の安全管理の促進，人口
問題など幅広いテーマが115項目にわたって盛り込まれた[29]。

　さらに，2001年に国連が採択したMDGs（ミレニアム開発目標）も8つの目標
の1つとして，「環境の持続可能性の確保」も掲げた（本書118頁）。しかし，

すでに指摘したように，二酸化炭素の排出量は1990年に比し50％以上も増加，地球温暖化や大気汚染，気候変動による自然災害などが拡大し，農作物や海洋資源などの生育にも大きな影響を及ぼした。

そこで，2015年9月，国連加盟193カ国がMDGsの後を継いで，2016年から2030年の15年間で達成するために掲げた目標がSDGsである[30]。SDGsは，地球上の「誰一人取り残さない」という理念に基づいて，17のゴール（目標）とこれに係わる169のターゲット（達成基準）で構成されている。

17のゴールは，1．貧困をなくそう，2．飢餓をゼロに，3．すべての人に健康と福祉を，4．質の高い教育をみんなに，5．ジェンダー平等を実現しよう，6．安全な水とトイレを世界中に，7．エネルギーをみんなにそしてクリーンに，8．働きがいも経済成長も，9．産業と技術の基盤をつくろう，10．人や国の不平等をなくそう，11．住み続けられるまちづくりを，12．つくる責任つかう責任，13．気候変動に具体的な対策を，14．海の豊かさを守ろう，15．陸の豊かさも守ろう，16．平和と公正をすべての人に，17．パートナーシップで目標を達成しよう，である。

このように，国連のイニシアティブにより登場したSDGsは，「地球環境の保護」と「人類の幸福」それに「経済の成長」を追求することの目標と達成基準を明示し，あらゆる国々の参加，つまり先進国と途上国が一体となって取り組んでいく「持続可能な開発目標」であり，特に企業の積極的な関与も求めている。

② CSV

CSV（Creating Shared Value）は「共有価値の創造」と訳される。2011年1月号の *Harvard Business Review* にハーバード大学のM.E. ポーター教授らが発表した論文 "Creating Shared Value" で提唱された概念であるが，先の岡田正大教授は，次のように解説する[31]。

「ポーター教授らは，『CSVを社会のニーズや問題に取り組むことで社会的価値を創造し，同時に，経済的価値が創造されるというアプローチである』と定義しています。……それは，企業が経済的に成功するための新しい手法であり，資本主義と社会の関係の再構築を促す概念であると主張しました。

　言い換えるなら，CSVとは営利企業がその本業を通じて社会的問題解決と経済的利益をともに追求し，かつ両者の間に相乗効果を生み出そうとする試みと言えます。従来，経済効果と社会的価値の創出との間にはトレード・オフ（二律背反）が存在すると考えられてきましたが，そうではなく，両者の両立，ひいてはお互いがお互いを高め合う状況を目指すのがCSVです。すでにゼネラル・エレクトリック（GE）やグーグル（Google），IBM，ネスレ，フィリップス，ダノンなど一部のグローバル企業では，社会性と企業業績に正の相関があるとして，CSVへの取り組みを始めています」

　■ポーター教授らの提唱するCSVは，2006年に発表した論文"Strategy and Society"をベースに展開されたものといえるであろう（本書129頁）。

③　サステナビリティ

　先に紹介した東京証券取引所のコーポレートガバナンス・コード（2015年）は，「上場会社（及び取締役会）は，サステナビリティ（持続可能性）を巡る課題への対応は重要なリスク管理の一部であると認識し，適確に対処するとともに，近時，こうした課題に対する要請・関心が大きく高まりつつあることを勘案し，これらの課題に積極的・能動的に取り組むよう検討すべきである[32]」と指摘したが，2021年6月に改訂された同コードは，さらに次のように強調し，サステナビリティの課題を鮮明にした[33]。

　「『持続可能な開発目標』（SDGs）が国連サミットで採択され，気候関連財務情報開示タスクフォース（TCFD）〔Task Force on Climate-related Financial Disclosures〕への賛同機関数が増加するなど，中長期的な企業価値向上に向け，<u>サステナビリティ（ESG要素を含む中長期的な持続可能性）</u>が重要な経営課題であるとの意識が高まっている。こうした中，我が国企業においては，サステナビリティ課題への積極的・能動的な対応を一層進めていくことが重要である（下線筆者）」

　「取締役会は，気候変動などの地球環境問題への配慮，人権の尊重，従業員の健康・労働環境への配慮や公正・適正な処遇，取引先との公正・適正な取引，自然災害等への危機管理など，サステナビリティを巡る課題への対応は，リスクの減少のみならず収益機会にもつながる重要な経営課題であると認識し，

中長期的な企業価値の向上の観点から，これらの課題に積極的・能動的に取り組むよう検討を深めるべきである」

　サステナビリティ（sustainability）とは，直訳すれば「持続可能性」であるが，それは，すでに紹介した国連とその委員会による報告・提言などに見られるように，地球環境の保護と人類の幸福との調和を課題にしている。したがって，サステナビリティとは，自然環境や我々の住む社会などの本来の機能やシステムが長期にわたって良好な状態にあることを維持しようとする考え方と言えるであろう。

　そこで，サステナビリティを巡る課題への対処は，政府や自治体，企業や団体，家庭や個人なども関係する。例えば，家庭や個人ができることは，環境に悪い影響を与えない行動，つまり，ゴミの分別，電気やエアコンなどの省エネ，プラスチックなどの廃棄物の削減，カンやビンの回収，エコバッグの利用などである。

　環境省や地方公共団体も，温暖化対策など各種の計画を実施している[34]。

　業界においては，例えば，自動車業界におけるEVの開発，繊維業界での環境負荷を削減する素材選び，食品・洗剤などの家庭用品業界による容器の脱プラスチック政策などは，その一例である。

　各企業においても，地球温暖化や大気汚染の進行を防ぐべく，二酸化炭素（CO_2）排出量を大幅に削減するという目標を掲げ，再生可能エネルギーに切り替えたり，森林破壊を行わないサプライチェーンの構築などを実行中である。

　そして，人々が安心・安全な社会で健康に暮らせるように，各社は，例えば，長寿社会に対応した商品・製品の開発，サイバーリスクへの対処，社員や従業員が生き生きと働くことのできる快適な職場環境の確保，人権の尊重，ダイバーシティの推進などにも注力している。いずれもサステナビリティへの取組みである。

④　CSRとの関係

　では，これらのSDGsとCSVそしてサステナビリティは，企業の社会的責任（CSR）とどのような関係にあるのだろうか。私は，おおよそ，以下のように

整理する。

　企業は社会との関係を無視して存在することはできない。そして，企業が現代社会に果たす重要な役割を考えると，その社会的責任とは，広義においては「地球環境を守り，人類の幸福」を追求することであろう。

　SDGsは，貧困や飢餓の撲滅，健康と福祉や質の高い教育，ジェンダー平等の実現，住み続けられるまちづくりなどの幅広い社会ニーズに対応すること，クリーンなエネルギーや気候変動，生物多様性と海洋資源などの環境保護にも取り組むこと，そして，経済成長を実現し産業と技術革新を醸成することなどを目標として掲げている。その意味において，SDGsはESG（環境・社会・ガバナンス）の課題をほとんどカバーしている。SDGsは企業がCSRを果たすためのいわば「道標」といえるであろう。

　企業は，SDGsを達成するためには持続的に成長し発展しなければならない。つまり，企業は持続的に成長し発展することによって，SDGsの掲げる地球環境を守り，人類の幸福という社会的責任を果たすことができ，同時にサステナブルな社会における企業の責任も果たすことができるのである。

　そして，その企業が成長と発展を遂げるための行動の立脚点は，環境問題および社会的課題の解決と経済的価値の創造とは「正の関係」にあり，相乗効果により新たな企業価値創造を実現するというCSVである。

8　世界は動いている —— ESG投資の拡大

　ESG投資〔■ESS投資（Environment, Social, Sustainability）と言うべきか〕が拡大している。

　ESG投資の起点が2006年にアナン国連事務総長がダボス会議において金融機関に向けて提唱した「責任投資原則（PRI）」にあることは本書119頁で指摘したが，PRIに署名した日本の企業や団体は，2020年11月時点で100を超えたという[35]。

　そして，米格付け会社ムーディーズ・インベスターズ・サービスによると，2021年のESGに関連する債券の発行額が前年比59％増の8,500億ドル（約90兆円）に達し，過去最高を更新するとの見通しだという[36]。

　すなわち，債券の発行によって得られる資金使途を，環境（E）に絞った
グリーンボンド（環境債）〔再生可能エネルギーや省エネルギー事業など，地球
環境への貢献が期待されるプロジェクトに限定されている債券〕が4,500億ドル
（約48兆円），社会問題（S）の解決に焦点を当てたソーシャルボンド（社会貢献
債）が2,000億ドル（約21兆円），サステナビリティ債〔地球環境と社会課題解決
双方に資するプロジェクトに限定されている債券〕が2,000億ドル（約21兆円）。
これらのESG債券の発行体は欧州が過半を占め，アジア太平洋と北米が続く。

　わが国においても，「2021年は日本企業によるESG債発行額は２兆4,330億円
と，2020年から６割増え，過去最大となった。ESG債の社債全体に占める比率
は5.7％から8.9％に上昇した」と日本経済新聞は伝える[37]。

　トヨタは，2021年３月にサステナビリティ債（愛称「ウーブン・プラネット
債」）総額5,000億円を発行，2022年６月には3,000億円規模の発行を計画，国内
では最大級のサステナビリティ関連債で，EVの開発や再生可能エネルギーの
普及などに充てるという[38]。

　さらに，自治体がESGに使い道を限定した地方債を発行する動きが広がって
いる[39]。グリーンボンドについては2017年度に東京都が初めて発行，その後
2020年度から長野県，神奈川県，三重県と続き，2021年度には政令指定都市と
して初めて川崎市が発行した。川崎市の場合，50億円の発行（償還期限は５年，
表面利率は0.005％と通常の市債と同水準）に対して投資家から13倍以上の購入
申し込みがあったという。調達資金は温暖化ガス排出が少ない庁舎の建て替え
などに充てる。ソーシャルボンドについては東京都が2021年度に発行。サステ
ナビリティボンドについては，2021年10月に北九州市が特別支援学校や教育
センターの整備に充てるために発行。機関投資家から10倍を超す申し込みが
あり，個人向に用意した５億円分も４営業日で完売したという。

　菅総理大臣（当時）は2020年10月26日の臨時国会で，「わが国は，2050年
までに，温室効果ガスの排出を全体としてゼロにする，すなわち2050年カーボ
ンニュートラル，脱炭素社会の実現を目指すことを，ここに宣言いたします」
と所信表明演説を行った。

　世界が脱炭素社会の実現に向けて動く中，商社は化石燃料を扱うビジネスを縮小し，銀行も融資の選別を開始した。米石油メジャー・エクソンモービルの株主総会では，環境問題を重視する投資ファンドが推薦した取締役が選任された[40]。

　そして，日本国内の大手資産運用会社（アセットマネジメントOne，野村アセットマネジメント，ニッセイアセットマネジメント，三井住友トラスト・アセットマネジメントなど）も，投資先の温暖化ガス排出量を2030年に2019年比で半減するなどの中間目標を掲げ，議決権行使で削減を促している[41]。

　まさに，世界は動いている。

9　ステークホルダーの順序 ── なぜ「株主」が最初なのか？

　多くの企業の発表する資料では「株主を含む多様なステークホルダー」との言い方が多い。周知のように，"stakeholder" とは「利害関係者」のことである。これには，顧客（消費者），従業員，株主，債権者，仕入先，得意先，地域社会，行政機関などが含まれる。

　コーポレートガバナンス・コードは，「上場会社には，株主を含む多様なステークホルダーが存在しており，こうしたステークホルダーとの適切な協働を欠いては，その持続的な成長を実現することは困難である。その際，資本提供者は重要な要であり，株主はコーポレートガバナンスの規律における主要な起点でもある[42]」として，その順序において，「株主」を最初にもってきている。東京証券取引所が発表するものであることも一因であろう。

　経済同友会の「第15回企業白書」（2003年3月）発表時の代表幹事小林陽太郎富士ゼロックス社長は，「企業の社会的責任（CSR）は単なる法令順守でも社会貢献でもなく，顧客，株主，従業員，地域社会などの利害関係者を視野に入れながら，経済・環境・社会面におけるニーズを価値創造や新しい市場創造へと結び付けていくための自主的な取り組みである」と指摘（本書129頁），利害関係者の順序について「顧客」を先頭に位置付け，また，2005年6月，記者が「社外取締役は株主の利益を代表する立場ではないか」と質問したことに対して，小林氏は，「悩ましいが，私は顧客第一だと思う[43]」と答えている。

　ジョンソン・エンド・ジョンソン（J&J）の驚異的な成長力の源泉である医薬品部門を指揮するワールドワイド・チェアマン（当時），ジョセフ・スコダリ氏は，2005年，こう主張した[44]。

　「最も重要な企業原則は価値観の共有であるが，当社の社是ともいえる『我が信条』はすべての意思決定の順序を正確な順番で決めており，顧客である医師や患者などの利益を第一に考える。次が社員で，その後に考えるのが，我々が住み働く地域社会。株主は最後になる。創業者のジョンソン会長は，優れた製品とサービスで患者，医師，消費者などのニーズに応え，同じ価値観を持つ社員が育てば，それにより地域社会がよくなり，株主も利益を得るはずだと信じている。順番を反対にして株主を最初にすることも可能だろうが，それは長期間にわたって維持できるモデルではない。72年間連続での増収などの達成は不可能であろう〔2005年11月時点〕。…… 我々がコミット（確約）するのは株式市場での短期利益ではなく一貫した成長だ」

　トヨタのCSR方針は「社会・地球の持続可能な発展への貢献」であるが，具体的な内容の1つとして，「私たちは，持続可能な発展のために，以下のとおり全てのステークホルダーを重視した経営を行い，オープンで公正なコミュニケーションを通じて，ステークホルダーとの健全な関係の維持・発展に努めます」と謳っている。そして，ステークホルダーの順序は，「お客様」「従業員」「取引先」「株主」「地域社会・グローバル社会」である[45]。

　2019年8月19日，米国の主要企業の経営者をメンバーとするビジネスラウンドテーブル（BRT：Business Roundtable）は，「企業の目的は，すべてのステークホルダーに対するコミットメントを行うこと，すなわち，企業は，顧客への価値の提供，従業員の能力開発への取り組み，サプライヤーとの公平で倫理的な関係の構築，地域社会への貢献，そして最後に株主に対する長期的利益の提供を行うことである」と宣言した[46]。顧客を第一に，次いで従業員，サプライヤー，地域社会，そして最後に株主に対して，長期的利益の提供を行うと明言したのである。

　BRTは，1997年以降，企業の目的を株主利益の実現ととらえていたが，その後，米国の多くの経営者は地域への貢献や環境問題への対処など，広く社会課題の解決も企業の目的ととらえるようになってきており，今回の声明は

そのような変化を反映させたもので，近時経営者が考えていることを文書化したものであり，企業の目的に関する「劇的な変化」を企図したものではないと弁明しているが，この声明のもつ意味は大きい。追い込まれた米国経営者が意識を変えざるを得なかったのである。

　■私は思う。企業経営の実態という視点から，例えば，東京電力の最大のステークホルダーとは誰だろうか。それは，電力料を支払い電力の供給を受ける地域住民（企業も含まれる）である。地域住民とは主として東京電力管内の人々であり，中部電力や関西電力管内の住民ではない。生命保険や損害保険会社の第一のステークホルダーとは，明らかに当該企業と契約している保険契約者であろう。銀行のステークホルダーとは？　これは，国内外の銀行取引関係者なのでかなり範囲が広いが，基本的には預金者や融資先であろう。

　企業の資金の調達という観点からも，各社の自己資本は株主からの出資金である資本金や資本剰余金よりも，会社が稼いだ利益の蓄積である利益剰余金の方が圧倒的に大きい。利益剰余金が資本金などの活用によって生まれることは事実であるが，その多くは，銀行や取引先などの債権者からの借入金や仕入債務などを有効かつ効率的に活用する経営者や従業員らの努力によって生み出されるものだ。

　また，「株主利益」と言っても，数十年にわたり多くの株を保有し続ける株主と他人のカネを預かって株を買い短期で売るファンドとは利害がまったく異なる。

　「株主を含む多様なステークホルダー」という言い方は無難であるが，ステークホルダーの順番は企業によって異なるのではないか。そういう配慮をしている勇気のある企業はまだ少ない。"物言う株主"が気になるのであろう。

10　結局，「いい会社」とは？

　最後に，では，ガバナンスの利いた「いい会社」とは？

　その定義を聞かれ，GE（General Electric Co.）「中興の祖」故ジャック・ウェルチ氏（Jack Welch，1981年から2001年まで20年間，同社会長兼最高経営責任者）は，こう答えたという[47]。

「朝起きて鏡の前に立った時，さあ今日もまた一日がんばるぞと思える会社です」

1日24時間という絶対的事実の中で，多くの社員・従業員はその半分を超える時間を会社で過ごす。「気にいった会社だから，いい会社だから，辞めたくない」。とすると，人生の半分以上を会社で過ごすことになる。生きがいを感じることができる会社がいい。

私は，「いい大学とは，朝起きてあの講義があるから楽しみだ，と学生諸君が思える大学だ」と信じ，46年間教壇に立ってきた。

注 ───────

(1) 山口厚江「企業倫理の展開と『企業の社会的責任』との関係」『作新経営論集』(19号)，作新学院大学経営学部，2010年。山田博通「アメリカの公害対策」『紙パ技協誌』，1966年20巻10号

(2) 岡田正大「CSV（共通価値の創造）が実現する競争力と社会課題解決の両立」"HITACHI Executive Foresight Online"，2016年3月28日

(3) 田辺智子・横内律子「諸外国における『消費者の権利』規定」国立国会図書館，ISSUE BRIEF NUMBER 448（March 31, 2004）

(4) Ralph Nader, Mark Green, and Joel Seligman, *Taming the Giant Corporation*, W.W Norton & Co., December 31, 1975

(5) 拙著『闘う 公認会計士 ── アメリカにおける150年の軌跡』中央経済社，2014年，150−153頁

(6) 小山博之「経営倫理問い直す時」日本経済新聞，経済教室，1997年3月21日。Texas Instruments「TIの価値と倫理」，2010

(7) 外務省，ODA，ミレニアム開発目標，令和元年7月25日。「国連ミレニアム開発目標報告2015 ── MDGs達成に対する最終評価」，2015年7月7日

(8) United Nations, PRI。Quick ESG 研究所，PRI，2021年4月8日

(9) 永岡文庸「社会的責任の国際標準化」日本経済新聞，2003年10月19日

(10) 経済同友会『経済同友会七十年史』，2016年，61頁。山口厚江，前掲(1)，84頁

(11) 高倉克也（日本設備工業新聞社 代表取締役社長）「理想と現実のはざまで ── 福島に原発を立地した木川田一隆」，日本設備工業新聞社誌，コラム312

(12) 「経団連企業行動憲章」，1991年9月14日

(13) 「経団連企業行動憲章」，1996年7月20日

(14) 小山博之「サヨウナラ『昨日の会社』」日本経済新聞，1997年12月28日

(15) 高 巌麗澤大学助教授，スコット・デービス同助教授「企業，倫理管理の体制急げ」日本経済新聞，1999年6月28日

⒃　経済同友会「21世紀宣言」，2000年12月25日

⒄　経済同友会「企業競争力の基盤強化を目指したコーポレート・ガバナンス改革」，2002年7月2日

⒅　経済同友会「第15回企業白書『市場の進化』と社会的責任経営 ── 企業の信頼構築と持続的な価値創造に向けて」，2003年3月26日

⒆　大橋洋治「有訓無訓」『日経ビジネス』，2015年12月21日，1頁

⒇　冨山和彦「私が東芝の社外取締役なら，社長解任動議を出していた」『週刊東洋経済』，2015年9月26日，64頁

㉑　日本経済新聞「内部通報，どれくらいある？」，2020年5月11日

㉒　日本経済新聞と日経リサーチは，2003年11月から同年末にかけて日本経済新聞の読者，日経株価指数300の構成企業の経営者，機関投資家やアナリスト，日経記者など計762人へのアンケート調査を発表，「平成の名経営者ベストテン」は，以下のとおりである。
　　①カルロス・ゴーン（日産自動車），②奥田碩（トヨタ自動車），③御手洗冨士夫（キヤノン），④鈴木敏文（イトーヨーカ堂），⑤永守重信（日本電産），⑥小倉昌男（ヤマト運輸），⑥金川千尋（信越化学工業），⑧武田國男（武田薬品工業），⑨盛田昭夫（ソニー），⑩孫正義（ソフトバンク）。第1位のカルロス・ゴーンの得点は999点，第2位の奥田碩氏は830点，ゴーン氏，ダントツのトップ。日本経済新聞，2004年1月14日

㉓　日本経済新聞「インタビュー川村隆元日立社長」，2019年3月2日

㉔　小林陽太郎「『活力』回復へ企業評価基準」日本経済新聞，2003年4月18日

㉕　岡田正大「経営戦略の本流としてのCSV」"HITACHI Executive Foresight Online"，2012年8月5日。マイケル・ポーター，マーク・R・クラマー「競争優位のCSR戦略」，*Hardvard Business Review,* 2008年1月号

㉖　「『日本再興戦略』改訂2014 ── 未来への挑戦」，平成26年6月24日，4頁

㉗　東京証券取引所「コーポレートガバナンス・コード〜会社の持続的な成長と中長期的な企業価値向上のために〜」，2015年6月1日

㉘　外務省「持続可能な開発目標（Sustainable Development）」，平成27年2月4日

㉙　United Nations Conference on Environment & Development Rio de Janeiro, Brazil, 3 to 14 June 1992

㉚　外務省「SDGsとは」JAPAN SDGs Acton Platform，令和3年8月

㉛　岡田正大，前掲⑵，2016年3月28日

㉜　東京証券取引所，前掲㉗補充原則2－3①，2015年6月1日

㉝　東京証券取引所「コーポレートガバナンス・コード〜会社の持続的な成長と中長期的な企業価値向上のために〜」，〔基本原則2〕の考え方，補充原則2－3①，補充原則3－1③，2021年6月11日

㉞　例えば，環境省「自治体と連携した環境省の温暖化対策について」総合環境政策局環境計画課，平成27年3月5日

㉟　金融庁「2021事務年度金融行政方針」，2021年8月，15頁

㊱　日本経済新聞「ESG債発行額90兆円で過去最高」，2021年8月3日

(37) 日本経済新聞「企業のEGS債，6割増」，2021年12月29日

(38) 日本経済新聞「トヨタがサステナ債，EVや再エネに充当」，2022年5月17日

(39) 日本経済新聞「ESG債 地方が先行」，2021年11月7日

(40) 毎日新聞「変わる企業のあり方，社会的責任を果たす統治に」，2021年7月6日

(41) 日本経済新聞「投資先排出量，30年に半減，議決権行使で削減促す」，2022年5月17日

(42) 東京証券取引所「コーポレートガバナンス・コード〜会社の持続的な成長と中長期的な企業価値向上のために〜」，〔基本原則1〕の考え方，2018年6月1日，2021年6月11日

(43) 日本経済新聞「誰のための社外取締役か？」，2005年6月19日

(44) 日本経済新聞 講演「価値観の共有 重要」，2005年11月22日

(45) トヨタ自動車株式会社「CSR方針」，2008年8月

(46) 日本経済団体連合会「ビジネスラウンドテーブルと『企業目的に関する声明』(Statement on the Purpose of a Corporation) について意見交換」『週刊経団連タイムス』No.3434，2019年12月5日

(47) 小山博之静岡産業大学教授「企業，独自の理想像追求を」日本経済新聞，1998年7月20日

第 8 章

代表取締役社長

—— "美しい" 経営者とは ——

　代表取締役社長（正しくは「代表取締役 社長執行役員」，以下「社長」）は
コーポレート・ガバナンスの中核に位置し，事実上，取締役の人事権を含む
ほとんどの決定権を有する最高の「権力者」である。

　ところで，企業は，業種も，業態も，規模も，その生い立ちも異なる。
そして，いずれの社長も自らの信念に基づいて会社を引っ張っている。それ故，
社長の理想像なんて，簡単には言えない。

　以下は，メディアが伝える情報と私の体験を通して，こんな社長の下なら
ビジネスマンもよかったかなという私の思いであり，社長への期待でもある。

1　経営者の資質と資格

　まず，代表的なお二人の経営者の発言を紹介する。

　金川千尋信越化学工業代表取締役会長は1926年 3 月15日生まれ，2022年は
96歳である。1990年に同社の代表取締役社長に就任以来，圧倒的な指導力で
30年以上にわたり経営トップに君臨している "カリスマ経営者" だ。

　その金川社長（当時）は，次のように述べる[1]。

　「経営者には，現状を正しく判断する判断力，先を見通せる先見性，現状を
伸ばしたり変えたりする決断力，現状を決断に結びつける執行能力，この 4 つ
が不可欠な能力だと思います」

　おそらくそうだろう。そして，金川社長は続ける。

　「これらの能力の有無は，ある程度天分に左右され，特に判断力と先見性は
先天的な要素が大きいようです」

　経営者に必要な４つの資質はある程度天から与えられたもので，特に判断力と先見性は生まれつきのものだと言うのだ。

　「そこまで言うか」と思っていると，金川社長は，「でも，これだけではまだ十分ではない。もう一つ必要です」とのこと。「なに」と多少構えると，「それは，誠実さと温かさです。誠実で人から信頼される人柄でなければ，経営者としてうまくいきません。仕事が出来ればそれでいいというものではなく，誠実さが欠けていると，どこかで破綻してしまうものです。厳しい経営をしても，人間の奥底のどこかに温かさが必要です。これがないと人がついてこないでしょう。経営者に必要な資質は，この５つだと思います」

　ほっと一息ついた。以前，ある出版社から金川社長の著書『社長が戦わなければ，会社は変わらない』（東洋経済新報社）の書評を依頼された。後日，心のこもった直筆のお手紙をいただいた。

　稲盛和夫京セラ会長（当時）は，“完璧主義”を主張する(2)。

　「99パーセントでも結構だとなれば，今度は90パーセントでも仕方がないということになる。いや，80パーセントでもいいじゃないか，70パーセントでもいいじゃないかとなるだろう。そうすると会社の経営は甘くなっていき，どんどん社内の規律は緩んでいく。

　100パーセントは100パーセントなのである。私は売上や利益の計画に対しても『100パーセントには達しなかったが，95パーセントは達成できたので今回は許してください』という考え方は認めていない。製造や営業の経営目標に対する実績についても，開発スケジュールや管理の仕事の正確さについても，完璧な実行を要求している」

　「厳しいなあ！　とてもついていけない」と思っていたら，稲盛会長は，こうも言う(3)。

　「『人は石垣，人は城』といわれます。企業を城に見立てますと，人は石垣です。城の石垣というのは大きな石だけではつくれません。存在感のある素晴らしい大きい石だけでつくれるのではなく，大きな石と石の間に小さな石が幾つも詰まっているから堅牢な石垣が生まれ，城を支えることができるのです。

　会社には，能力はあまりないけれど，人物，人間が素晴らしいという人は

いるのです。近代企業を経営するには無駄だと思われるかもしれませんが,
それは決して無駄ではないのです。会社に対して素晴らしいロイヤリティが
あって,一生懸命会社のために尽くしてくれる社員がいることは,実際には
大変な財産になるのです。…… 私は,できない人だけれども,その人が真面目
で誠実で,何とか会社のために一生懸命働こうというふうに思っているならば,
その人を大事にしていこうと思いました。私は彼らのために身体を張って
雇用を守り抜こうと思いました」

　お二人の経営者には厳しさと温かさが感じられる。

　もうお一人。元パリ日本文化会館館長竹内佐和子氏は,次のように述べる[4]。
　「いまはあらゆる情報が一瞬で世界の隅々まで駆け巡り,次々と新しい科学
技術が創造され,新技術に基づく市場が生まれている。グローバルな経営が
求められる時代には,自社の資源を集中し,自ら基準を作り出して,未解決の
課題に挑む『価値創造型』の経営が必要だ。時には,周囲の反発を恐れず,
自らの信念に基づき,強い指導力を発揮して企業を引っ張る『改革者』である
ことが求められる」

　「指導力や分析力,判断力といった能力を備えることは当然として,技術や
人材に対する深い洞察力を持つ必要がある。具体的には,次世代技術への知識
や関心を持ち,研究開発の方向付けができる人材でなければならない。文化力
や職人の技能継承に関心を払う必要もある。加えて,人材育成に関心を持ち,
社員教育だけではなく,教育機関への投資など社外の人材育成にも目を向ける
べきだろう。

　一方,個人の素養という面では,教養を高め,伝統文化やアート,各国の
歴史を理解しなければならない。こうした教養に基づき,芸術などに金銭を
投じる『文化的消費』ともいうべき消費の哲学を持つ必要もある。欧米社会
では当然のこととされる社会貢献や外交に対する意識も深めるべきだ」

　**■世界の文化都市パリなどでの生活経験を通して,まさにあるべき社長像を
論じている。コロナ禍で会社と従業員とその家族をいかに守るかに腐心されて
いる社長にしてみれば,「よく言うよ」という気持ちでしょう。ま,そう
おっしゃらずに。以下の私の社長への期待にも耳を傾けてください。**

2　社長！　夢を熱く語ってください

　小学校や中学校の入学式や卒業式などで，町長や医師の教育委員長，商店街の代表などが異口同音に「夢を持って，進みなさい」と言っていた。起立し耳を傾けていた割にはピンとこなかった。しかし，人生の第4コーナーを回りかけている今，その意味のもつ重要性をかみしめている次第である。

　ホンダ（本田技研工業株式会社）の「企業理念」（フィロソフィー）は，以下の3つで構成される。

```
〔企業理念〕
 基本理念：「人間尊重」（自立・平等・信頼）
         「三つの喜び」（買う喜び，売る喜び，創る喜び）
 社　是　：わたしたちは，地球的視野に立ち，世界中の顧客の満足のために，
         質の高い商品を適正な価格で供給することに全力を尽くす。
 運営方針：• 常に夢と若さを保つこと。
         • 理論とアイディアと時間を尊重すること。
         • 仕事を愛しコミュニケーションを大切にすること。
         • 調和のとれた仕事の流れをつくり上げること。
         • 不断の研究と努力を忘れないこと。
```

（注）Honda公式サイト「企業理念」

　そして主張する。「Hondaは『夢』を原動力とし，この価値観をベースにすべての企業活動を通じて，世界中のお客様や社会と喜びと感動を分かちあうことで，『存在を期待される企業』をめざして，チャレンジを続けていきます」
　■ホンダの"キーワード"は「夢」である。会社案内の表紙も，"The Power of Dreams"を掲げている。

　ホンダの創始者である本田宗一郎氏について，野中郁次郎一橋大学教授（当時）は，次のように指摘する[5]。

　「本田宗一郎の卓越している点は，決して利益の向上だけを優先する経営者
ではなく，人への思いやりがあったことである。……『おやじさん』の愛称
で多くの人に慕われた。それは，確固とした人生哲学や豊かな人間性を持って
いたからである。……宗一郎は，大きな夢を掲げ，情熱を持ってそれを語り，
周囲の人をその熱気に巻き込んで実現してしまう人心掌握術に長けていた。
誰もが最初は無理な目標と思いながらも，宗一郎の話を聞いていると『できる
かもしれない』と考えてしまう影響力があった。……夢と情熱によって人を
動かした経営者，それが本田宗一郎である。……多くの日本企業で失われて
しまったもの，それは夢の力により活力を引き出すこと，未来へ向けて社員に
希望を持たせ，情熱を持って実践させる経営者の姿勢である。今，われわれが
本田宗一郎に学ぶべきは，そこにある（下線著者）」

　そのホンダの元社長川本信彦氏は語る[6]。
　「戦後にゼロから出発したホンダがなぜここまで来られたのか。『オヤジ』
こと創業者，本田宗一郎の考え方と行動力が時代に先駆けていたからだと思う。
　一介の町工場にすぎなかったころから『世界一になる』と公言，当時の
通産省の反対を押し切り四輪車生産に参入した。大手が『絶対に無理』と悲鳴
をあげた米排ガス規制もむしろ好機と喜び，クリアした。そんなばかなやつは
ほかにいなかったが，オヤジの生きざまに心酔し，ついていった。……経営者
としてのオヤジは，存在そのものが周りに影響を及ぼし，働くモチベーション
を与え，人が自分から動いた（下線著者）」
　■奇しくも，野中教授と川本元社長の「本田宗一郎観」（下線部分）は
一致している。それにしても，"オヤジ"に自分の人生を賭けた川本氏の
生き方はなんとも素晴らしい。川本氏と本田氏を結ぶ連結管は，「夢」で
あったのだろう。

　大賀典雄ソニー名誉会長（当時）も回顧する[7]。
　「激しい企業の盛衰の中でこの会社が発展できた一番のカギは，歴代の
リーダーたちが商品づくりに夢中になってきたことだ。創業者の井深大さん，
盛田昭夫さん，続いて社長になった岩間和夫さんと私の四人は，何かといえば

集まって，この次は何をやろうかと考えをぶつけ合った。<u>議論は真剣そのもの</u>
<u>で，何より夢を語り合う楽しさにみんなが引き込まれた。</u>

　我々は一日の時間のうち六割は現場に出た。井深さんは八割を割いていた
ように思う。技術者と一緒になって，黒板にあれこれ書きながら討議する
毎日だった。そのなかから，画面が明るく画像も鮮明なトリニトロンテレビ
などの画期的な商品が生まれた。

　<u>リーダーが熱く夢を語り，社内を酔わせ，燃えさせた。社員からも新技術や</u>
<u>新しいアイデアなど，全社一丸となって『燃える』ための材料が次々に出た。</u>
経営トップ自身どれだけ商品の創造が好きで，それにのめり込んだかが，企業
の興亡を分けたのではないか（下線著者）」

　■ソニーは1946（昭和21）年５月，資本金19万円，従業員数約20名の小さ
な会社「東京通信工業」としてスタートした。創業者の井深大氏（当時38歳）
は，会社設立の目的を「技術者がその能力を最大限発揮することのできる
"自由闊達にして愉快なる理想工場"を建設し，技術を通じて日本の文化に
貢献すること」と記している。そして，「人のやらないことをやる」という
チャレンジ精神のもと，数々の「日本初」，「世界初」の商品を打ち出してきた。

　４人が商品づくりに夢中になっていた頃を，井深氏が社長を退いた1971年
頃までとすると，創立から20年余において，ソニーは，国産初のテープレコー
ダー（1950年），国産初のトランジスタラジオ（1955年），世界初のトランジス
タテレビ（1960年），世界初のトランジスタ小型VTR（1963年），そして，トリ
ニトロンカラーテレビ（1968年）などの"ワクワク製品"を開発・発売した。

　社長！　夢を熱く語ってください。

3　社長！　"現場力"を強化してください

　学生時代，ビール工場の見学で大きなショックを受けた。空ビンがラインで
流れてくる中で他社のビールビンが混じっていないかをチェックし，それを
抜き出す作業だった。空ビンのぶつかり合う音が凄まじく，ミミセンをしなが
ら２人の女性がビールビンと眺めっこしている。毎日，毎日だ。厳しい現場の

一端が脳裏に焼き付いて55年後の今でも忘れることができない。

　公認会計士として時おり会社を訪問する。静かな会議室で伝票をめくっているよりも，適度な騒音と油の匂いのする工場が好きだ。だから，監査の仕事に疲れると「新規に購入したロボットを見てきます」と言って，会議室を抜け出し工場に向かう。

　しかし，工場現場は相変わらず過酷だ。

　従業員は，同じ作業を繰り返す。厚い鉄板にムダが生じないようにチョークやテープで描くラインを何度も修正しながら切削している。バーナーから目を守るためにお面をかぶって集中して溶接している。かなりの異様な臭いに負けないように二重，三重のマスクをして塗装をしている。重いプレスに腕や指が巻き込まれないように防具を付けながら黙々と作業をしている。毎日，毎日だ。

　現場を見ると，「仕事を通じて生きがいを見出せ」とか，「人は報酬よりも，納得のいく仕事，自分が成長していくことが実感できる仕事に生きがいを見出す」なんてことは，簡単に言えない。むしろ，空虚に響く。

　人は誰でも，誰かの役に立ちたいという根源的な欲求をもっている。多くの現場の従業員は，声には出さないけれど，いい製品を作るために，家族のために，子供の将来のために，と頑張っている。そのことがひしひしと感じられる。やっぱり，給料やボーナスで還元することが基本だ。

　社長！　有能な社員が退職し彼らの有する技術が継承されていないということはありませんか。各社とも現場では「派遣社員」や「パート社員」が増えている。正規の社員に交じって懸命に頑張っている彼らもいる。しかし，彼らの入れ替わりが激しくなると，一から仕事を教えてもむなしさを感じる，とベテランの従業員は言う。経験で蓄積された技術や勘が失われ，現場力が弱体化している。結果として，クレームや品質不良が発生する。

　■経済の主役がモノからアイデアやノウハウといった「知」に移っているともいわれるが，私は信じる。現場にある事実が，生きたデータが企業経営のすべての基本だと。社長！　現場へ頻繁に足を運んでください。現場の匂いや臭いを嗅ぎ，彼らの目を見て，声を聴き，そこで起きている事象を見極めることによって，現場環境を改善し，"現場力"を強化してください。

　私は信じます。強化された現場力と夢に向かうあなたのリーダーシップが合体し"イノベーション"を起こすことができると。

4　社長！　"心の資本"は企業価値創造の原点です

　心の資本という言葉に興味を惹きつけられた。心の資本（Psychological Capital，略してPsyCap）は，次の4つの柱で構成されるという。

　Hope（希望）：目標に向けて解決の道を見つける力，Efficacy（自己効力感）：自分の能力・貢献に対する自信，Resilience（回復力）：困難にあっても乗り越えられるという自信，Optimism（楽観主義）：物事の明るい面を見る前向きさ。4つの頭文字は"HERO"である。

　その"HERO"が高い状態とは，生き生きとしていて新しいことに挑戦するエネルギーに満ちている状態にあるそうだ。確かでしょう。結果として，"HERO"は企業の収益力向上と密接な関係にある。本も出ている（フレッド・ルーサンス，キャロライン・ユセフ = モーガン，ブルース・アボリオ共著，開本浩矢共訳『こころの資本』中央経済社，2020年）。

　丸井グループの産業医小島玲子氏（執行役員・ウェルネス推進部長。当時）は，社員の活力を引き出し，企業価値の向上にどうつなげるか，という視点から，社員の幸福度ややりがいの「見える化」を進めている[8]。

　日立製作所の協力で，スマートフォンに内蔵したセンサーで身体運動のデータを採取し，幸せと感じる度合いを測定。社員はどんな働き方をすれば数値が上がるか確認しながら行動を変えていく。

　この実験を3週間続けた後，社員へのアンケートで「心の資本」と呼ばれる指標を調べた。丸井によると，心の資本は0.27ポイント上昇。これは，営業利益を5.3％増やす効果であるという。小島氏は，「社員の幸福度は経営に資する問題であると示せた意義は大きい」と語る。

　「パーソル総合研究所と慶応大の前野隆司研究室の調査では，幸せの実感が低い人が多い企業は減収が多かった。社内の幸福度の低さが企業の成長を阻み，それが社員の不満をさらに高めかねない。

　そうした状況を避けようと，三菱UFJ銀行など有力企業が相次ぎ社内の幸福度を調べる仕組みを取り入れ始めた。従業員の『気持ち』の領域にまで踏み込むことに賛否はあるかもしれないが，『心の資本』の再構築なしには成長の未来図が描けないという危機感がある[9]」

　■企業の「企」という文字は，人を止めると書く。人生における重大な決断をして入社した社員や従業員が仕事に情熱を持てない状況では企業の成長は望めない。"心の資本"を高めるためには，風通しの良い職場，つまり「健康経営」が不可欠だ。

　社長！　"心の資本"と「健康経営」は，社員や従業員のモチベーションを高め，企業価値を創造させる原点です。GEのウェルチ元社長のことばをもう一度思い出してください（本書140頁）。「いい会社とは，朝起きて鏡の前に立った時，さあ今日もまた一日がんばるぞと思える会社です」

5　社長！　組織にだまされないでください

　「オレ，オレ」という息子のいつものような声だ。「事故を起こしちゃって。今，渋谷の警察にいるんだけど，口座に振り込んでくれない」と言うのだ。どきっとした。息子は鹿児島にいるはずだが，用が済んで渋谷に戻ったのかなとも，一瞬考えた。10秒ぐらいしてから「わかった」と言って切った。オレオレ詐欺の電話だった。

　1通の封書が来た。これまでのクレジット会社から新たにクレジット会社を設立したので，息子がカードで買い物した残高を，新会社に振り込めというのだ。これは，"ピン"と来て，無視した。

　京都市役所からという電話があった。「昨年の税金が過払いなので還付します。通帳を持って近くの○○銀行に来てください」というのだ。瞬間的に"ラッキー"と思った。同時に「そんなことあるのかな」と疑った。電話の主は「私も一緒に行きます」というのだ。疑念が少し和らいだ。一応，「はい」と答え，銀行には行かなかった。

　3カ月ほどして近所の交番から電話があった。「被害はありませんか」と言うのだ。警察が入手した振り込め詐欺のリストに私の電話番号があるという。

それで，これまでも電話があったのか……。

　取締役会において，各取締役は自分の担当する部門の業績について，まず"good news"をやや得意げに紹介する。"bad news"は後回しだ。質問があったら答えることにして。場合によっては省く。社長の不機嫌な顔を見たくないからだ。事態を好転させてから報告しようという思いもある。企業の大小にかかわらず，これは事実だ。

　多くの企業は，各事業部門が計画した数字をベースに予算を立てるので，希望的観測などがかなり入り込む。社長も，やや過大とも思える計画についても，そうあってほしいという気持ちで黙認する。結果として，業績下方修正に追い込まれる。

　キリンビールがアサヒビールにビール類でシェア首位を奪われた時，当時の荒蒔康一郎社長は，特約店を回ると自社のビールが山積みで，無理な販売をしていたことことに愕然としたそうだ。営業部隊からは「社長が敗北宣言を出すとは何事か」と猛烈な反発はあったが，結果が出る前に負けを認めたという(10)。

　■社長が知らないうちに検査データの改ざんや談合などの不祥事がかなり発生している。その原因は，いつの間にか社長と現場との距離が遠くなってしまったからだ。本社と工場の間に深い溝ができ，工場の本社への不信感が拡大しているからだ。

　社長！　あなたは本当の情報から隔絶される危険に置かれているのです。待っているだけでは距離は縮まらず，溝も埋まりません。組織にだまされないために，現場の社員や顧客の「本音」に耳を傾けてください。

6　社長！　あなたは美しくあらねばなりません

　経営者の悩みの一つは，法には触れないけれども「白」か「黒」か決めかねる問題に直面した場合であろう。

　「TDK会長の澤部肇さん（当時）は，迷った時には『これは美しいことかどうかで判断してきた』という。それを素野福次郎元社長から教わったそうだ。素野は『正しいか正しくないかは時代によって変わる場合もあるが，美しいか

美しくないかは変わらない。本当によい製品は美しいだろう。自分の行動も美しいかどうかで判断すればいいんだ』と言っていました(11)」

　政治家のいう「美しい国，日本」なんて，当てにならないけど，自らの良心に問うて，「その行為は美しいか」と判断することは，まさに人生の指針だ。

　ですから，社長！　引き際も美しくありたいですね。
　38歳で花王の取締役に抜擢され "次の社長" といわれながら二度も挫折した渡邉正太郎氏（元副社長）は述懐する(12)。
　「丸田芳郎さん（元花王社長，会長）は本物のクリエーター（創業者）でありイノベーター（革新者）でした。花王中興の祖としての名声にいささかの異論もありません。でも長すぎた〔社長19年間，会長4年間〕。やめていただくのに大変な闘争があったのです」
　「会社が大きな新規事業を始めるのは常にトップマネジメントの意思です。それ故にその事業をやめるとなると軋轢（あつれき）が生じます。過去の経緯を引きずって時間がかかりすぎ，結果として企業の競争力を損ねる。撤退決断のためにも投資家向け広報（IR）を通じて説明責任を果たし，社外取締役の視点で経営規律を高めるコーポレート・ガバナンス論にたどり着きます」
　「リスペクト（尊敬）を集められる経営者が時代を切り拓（ひら）くのだと確信しています」〔■ "リスペクトされる経営者" は確かです〕

　2016年4月，当時，セブン-イレブン・ジャパン社長だった井阪隆一氏は突然，鈴木敏文セブン&アイ・ホールディングス代表取締役会長から「物足りない」との評価を受け，退任を迫られた。6期連続で営業増益を果たしながらの不可解な要求。社外取締役を中心に鈴木氏に対する反発が広がった(13)。
　鈴木氏は社長交代議案を取締役会に付議。結果，賛成7票，反対6票，白票2票，賛成が総数15票の過半に届かなかったため議案は否決された。しかし，その後の記者会見で，鈴木氏は「反対票が社内から出るようなら，票数に関係なく，もはや信任されていない」と述べ，グループからの引退を表明した。その後釜（セブン&アイ・ホールディングス代表取締役社長）に据えられたのが井阪氏だった。

　■泥沼の内紛からして，当時84歳の鈴木敏文氏の身の引き際が美しいかどうかは疑問のあるところだが，鈴木氏は「平成の名経営者」第4位に選ばれていた[14]。

　社長！　社外取締役は社長の首に鈴を付けようと構えています（次章）。鈴をつけられる前に美しく退陣しましょう。

　そして，やっぱり，リーダーの条件は，以下に尽きます。

　「やってみせ　言って聞かせて　させてみせ　誉めてやらねば　人は動かじ。話し合い　耳を傾け　承認し　任せてやらねば　人は育たず。やっている　姿を感謝で見守って　信頼せねば　人は実らず」（山本五十六 …… そっと）

注 ────────

(1)　金川千尋『社長が戦わなければ，会社は変わらない』東洋経済新報社，2002年，157－158頁

(2)　稲盛和夫『稲盛和夫の実学 ― 経営と会計』日本経済新聞社，2000年，100頁

(3)　稲盛和夫『こうして会社を強くする』PHP研究所，2011年

(4)　竹内佐和子「次代担う企業リーダーとは」朝日新聞，2006年6月19日

(5)　野中郁次郎「本田宗一郎　破天荒と繊細」日本経済新聞，2006年1月26日

(6)　川本信彦「時代先取りした感度」日本経済新聞，2005年7月25日

(7)　大賀典雄「夢語った経営トップ」日本経済新聞，2005年7月25日

(8)　橋本隆祐「『心の資本』企業価値に」日本経済新聞，2020年7月28日

(9)　日本経済新聞「『心の資本』は十分ですか」，2022年1月3日

(10)　森一夫「組織にだまされるな」日本経済新聞夕刊，2013年3月23日

(11)　森一夫「醜い経営者」日本経済新聞，2008年7月13日

(12)　渡邉正太郎「社長になれなかった経営の鬼」日本経済新聞，2006年7月3日，6日，7日

(13)　日本経済新聞「トップの決断 ― 転んでもただでは起きぬ」，2020年8月24日

(14)　日本経済新聞「平成の名経営者ベストテン」，2004年1月14日，本書141頁。勝見明『鈴木敏文の統計心理学』プレジデント社，2013年

第9章

社外取締役

—— 「保険説」と「引導説」 ——

　企業が持続的な成長と発展を通して社会的責任を果たすためには，がっちりとした取締役会が不可欠である。力量のある倫理観の高い社内スタッフが取締役会を構成し積極的な議論を展開するならば，課せられた課題を効果的に果たすことができる。もちろん，そうした取締役会も存在する。

　しかし，海外投資家の増加や内外ファンドの市場参加，コーポレートガバナンス・コードの出現など，急激な経営環境の変化により経営管理体制のあり方が問われる中で，社外取締役が注目されている。

1　社外取締役の導入の動き

　わが国で社外取締役や執行役員の議論が高まったのは1990年代半ば以降である。企業によっては30人以上で構成されている取締役会を縮小し，社外の人材に経営の「監督」を当たらせ，業務の「執行」は専任の執行役員らに委ねることによって，迅速な意思決定と効率的な経営管理を行うという米国型モデルが主張された。1997年にソニーが社外取締役と執行役員制度を初めて採用したが[1]，翌98年には東芝やオリックスなど有力企業もこれに続いた。

　2001年4月，法制審議会が約50年振りの商法大改正の中間試案を発表した。その骨子は，社外取締役の起用を義務付け大企業経営の外部からのチェックを厳しくし，執行役員を制度化することによって，経営の監督と業務の執行の分離を進めるというものであった。キヤノンの御手洗冨士夫社長（当時）は，「生え抜きの取締役は社内の人事評価制度で長年チェックを受けており，社外取締役より安全だ」と反論した[2]。

　中間試案発表２年後の2003年４月１日から改正商法が施行され，社外取締役の義務付けは撤回されたが，社外取締役を中心とする指名，報酬，監査の各委員会を取締役会に設置し経営の監督に当たらせ，業務執行は執行役が担当する「委員会等設置会社」と呼ばれる経営管理体制を選択できるようになった。

　社外取締役の役割が議論される中，2005年３月，ソニーの取締役会は，出井伸之会長兼グループCEO（最高経営責任者）が退任し，後任にハワード・ストリンガー副会長が就任する人事を内定した。同年２月に，出井氏が「自分とストリンガー副会長が共同で会長兼グループCEOを務める」という案を社外取締役が拒否したことが，出井氏の退陣をもたらしたという。日本を代表する企業トップの交代に社外取締役が関与した初めてのケースともいわれ，話題になった[3]。

　2001年の中間試案から14年後，2015年５月の改正会社法施行により，コーポレート・ガバナンスの強化を図るために，３人以上の取締役から成りその過半数を社外取締役とする監査等委員会設置会社の新設，社外取締役の要件の厳格化（関係会社の業務執行者ではない者など），社外取締役を置くことが相当でない理由を開示することなどの改革が行われた〔■**当局の長期間にわたる社外取締役導入に「固執」する姿勢が窺える**〕。

　これを受けて，東京証券取引所は，社外取締役を２人以上とするコーポレートガバナンス・コードを同年６月１日から適用した（本書130頁）。

　2　　社外取締役の「実態」

　５年後の2020年９月，東京証券取引所は，第一部上場企業の95.3％が２人以上の社外取締役を選任したと発表した[4]。そのような状況において，山田仁一郎大阪市立大学教授（当時）は2020年７月，上場企業のランダムサンプル102社の役員会などの詳細なデータを分析した結果，社外取締役について，次のように指摘する[5]。

　①　社外取締役が経営監視と戦略的改革をしようとしても情報が足りない。
　　　また，その条件がそろったとしても，経営者は勧告というよりも参考程度

の「ご助言」ととらえやすい。経営危機などでない限り，牽制機能を果た
せる可能性は低い。

② 　執行部と社外取締役の間では情報の厚みに圧倒的な非対称性があり，
また，社外取締役自身の役割認識の違いもある。<u>経営陣の同質性の中で，
社外取締役がリスクに踏み込むような長期的な経営戦略に深く関与する
ことは少ない</u>（下線著者）。

③ 　重要なことは，多様な社外取締役と経営者との力関係である。現在の
社外取締役の多くは，社外取締役としての実績評価に基づいてリスト
アップされて選任されているわけではない。本務である別の職能での評価
に基づき，実質的に経営者が招いて就任している。経営者に対するパワー
は相対的に弱いと言わざるを得ない。

④ 　報酬委員会や指名委員会などが企業統治の設計に入ったが，その実態を
動かしているのはいまだに経営者であろう。多くの企業で前任の経営者が
後継者を選ぶという慣習がある。統治を機能させるには，社外取締役の
数もあるが，<u>差し違えるほどの真摯さをもって物を言う人物が関わって
いるかがカギではないか</u>（下線著者）。

■山田教授の指摘は，私の多少の経験からも納得しうるものである。また，
④の下線部分は，まさに社外取締役の「覚悟」である。だが，こういう人物を
社外取締役に迎える経営者は，それほど多くはない。

　冨山和彦氏（経営共創基盤CEO，当時）は，次のように主張する[6]。
「取締役会では社長以下のサラリーマン役員が互いの顔色を見て，空気を
読みながら物事を決める。あつれきを避けようとするから，不採算事業からの
撤退といった重要な意思決定を先送りする。こうした『不作為の暴走』を
許す『ムラ型ガバナンス』が日本の大企業が抱える最大のリスクで，ムラの
空気をかき乱すのが社外取締役の使命だ」

■このような事実をあっさり言い切れるところが冨山氏の実力であろう。

3　社外取締役の任務

　コーポレートガバナンス・コードは，上場会社の独立社外取締役の役割・責務について，特に以下の①から④が期待されると主張する[7]。

　①経営の方針や経営改善について，自らの知見に基づき，会社の持続的な成長を促し中長期的な企業価値の向上を図る，との観点からの助言を行うこと，②経営陣幹部の選解任その他の取締役会の重要な意思決定を通じ，経営の監督を行うこと，③会社と経営陣・支配株主等との間の利益相反を監督すること，④経営陣・支配株主から独立した立場で，少数株主をはじめとするステークホルダーの意見を取締役会に適切に反映させる〔助言する〕こと（傍点著者）。

　このように，社外取締役は「助言」と「監督」の2つの任務を負っているが，助言の中心は①であり，監督の典型は②であろう。そこで，①を「保険説」，②を「引導説」と呼ぶことにする。つまり，保険説は，社外取締役の助言機能は種々のリスクをカバーする保険のようなもの，引導説は，社外取締役の監督機能の典型は経営トップに退陣を促す（「引導を渡す」）というものである。

　例えば，宮内義彦氏（オリックス・シニアチェアマン，日本取締役協会会長，当時）は，次のように主張する[8]。

　「独立社外取締役を取締役会に入れる意義は，株主総会と同じ緊張感を取締役会に持たせることである。社外取締役は，CEO（最高経営責任者）から年度計画を説明してもらい，その妥当性をチェックする。そして第三者の目で達成度合いを評価する。長期の経営方針，後継者についての考えや選定プロセスを聞いてその妥当性を判断する〔保険説〕。そして，好業績を挙げた経営者に報酬を与える。業績目標を達成できなかったら，場合によっては経営者に引導を渡す〔引導説〕」

　大田弘子氏（政策研究大学院大学教授，みずほフィナンシャルグループ取締役会議長，当時）は言う[9]。

　「『外の目』を担う社外取締役が役割を果たせるかどうかは有事に経営者にノーを言えるかどうかで決まる。究極的には，危機時に経営トップにクビを切り出せるかどうかだ〔引導説〕。〔そのためには〕日ごろから社外取締役と

社内取締役の間の緊張感を維持することがとても大事だ。…… 健全な緊張感を維持するには信頼感も勝ち得なければならない。平時は経営トップの応援団としてトップダウンの決断を後押しする〔保険説〕」

そして，どちらかというと「保険説」に，どちらかというと「引導説」に力点を置く主張も見られる。

先のソニー出井伸之会長退任時の同社の取締役会議長であった中谷 巌 氏（多摩大学学長，当時）は，「『キヤノンやホンダは社外取締役なしでも業績好調』として社外取締役不要論もある。しかし組織は変わる，いま優れているから将来もという保証はない。企業の『安全弁』として保険をかけておく必要がある(10)」と語る。

松本晃氏（カルビー会長兼CEO，当時）は言う(11)。「社外取締役の方々には，お持ちの経験や知識を活用して，経営陣にとって耳が痛いことや気が付かないことを言ってくださいとお願いしました。見逃されているリスク，経営者が目を瞑りたくなることをチェックする役割になります。社外取締役の存在が安全装置になるんです〔保険説〕」

一方，「引導説」を重視する見解。

日本IBMの北城恪太郎会長（当時）は，「究極的には役員の過半数を占め，経営が逆回転したときに，トップにクビを言い渡せる存在である必要がある」と述べた(12)。

小林陽太郎氏（富士ゼロックス会長，当時）も言う。「〔アドバイザーとして〕違う角度からの意見や助言をする役割は今〔2005年〕もあるが，大事なのはお目付け役としての行動だ。経営陣の人事刷新にまで影響力を行使するかどうかは会社によって違うが，経営陣が暴走しないように，間違いを起こさないように，我々は動く(13)」

冨山和彦氏は，「大事なのは，経営監視への実効性だ。…… いざという時，トップに退陣を迫る度胸と見識，不祥事を見過ごせない社会的義務を負う人物でなければ務まらない(14)」と断言する。

一方で，社外取締役限界説もある（以下は当時の見解である）。

すでに紹介したように，キヤノンの御手洗冨士夫社長は「生え抜きの取締役

は社内の人事評価制度で長年チェックを受けており，社外取締役より安全だ」
と語った（本書155頁）。

　丹羽宇一郎氏（伊藤忠商事元社長）は，コーポレートガバナンス・コードが
上場企業に２人以上の社外取締役選任を要請したことに対して，「社外取締役
は飾り窓の人形か」と，企業の選択に任せるべきだと主張した[15]。

　「もちろん，アドバイザーとして高い評価を受けている社外取締役がいるの
は事実で，ガバナンスを高めている企業もある。しかし，社外取締役から
実質的に監視されるはずの最高経営責任者（CEO）が，社外取締役の人事と
報酬の決定権を持つ。ましてや，その企業の日常業務に対する知識は乏しい。
正義感と常識だけで，役に立つのは容易でない。社外取締役に本来の機能を
期待するのは難しいだろう（下線著者）」

　■下線部分については，私も日頃考えている根本的な問題である。

　■社外取締役の任務について，保険説も引導説も，ともに妥当である。

　当然のことながら，保険説は，社外取締役がその期待される役割，つまり
助言機能を果たしていること，が前提である。

　そして，引導説について一言。

　例えば，数百億円，場合によっては数千億円も投資して海外の会社を買収し
子会社化したとする。その子会社の当初の１〜２年は比較的順調だったが，
３年目に入り大幅な赤字に転落。親会社はその原因を分析し，再建計画を策定
する。再建計画は，１年では赤字の解消は無理なので赤字を縮小する施策を
講じる，２年目は赤字０，３年目で黒字転換を見込む。その再建計画に基づいて，
全社一丸となって努力する。

　再建計画後の１年目の実績。赤字は縮小したが，計画値をかなり下回った。
社外取締役は全員「やむを得ない」と言う。

　２年目，"赤字０"の目標は達成できなかったが，赤字額は前年を下回った。
おそらく，ほとんどの社外取締役は「もう少し様子を見よう」と判断する。

　３年目も赤字，ただし，損益ゼロに近づいている。赤字０の目標はすでに
１年遅れているが，全体としては徐々に上向きである。この段階で，社外取締
役はどう出るか。平時でないことは確かである。社長が辞任を申し出れば，

たぶん社外取締役は慰留しないであろう。しかし，社長はやめない。では，社外取締役は社長に退陣を迫れるか？　当該子会社を含む会社全体の業績は横ばいである。「もう1年待とう」との意見も見られる。結果として，社長は続投。

　4年目の実績。計画値を下回ったが，わずかながら黒字に転換。社外取締役は胸をなで下ろす。社長は続投。しかし，この4年目も赤字であったとする。社長はなお頑張ると主張。取締役会多数派の社内取締役の間には，表立った社長退陣論はない。少数派の社外取締役の一致した行動と社内取締役との連携がカギになろう。たぶん，続投。

　5年目，またまた赤字。社長が辞任すれば局面は変わる。しかし，社長は依然として動かない。社内取締役の意向にかかわらず，社外取締役は全員一致の意見をもって社長に翻意を促さなければならない。

　「経営トップにクビを切り出せるかどうか」は，直面している状況を社外取締役各々がどう判断するかだ。きわめて重い課題だ。予め任命された社外取締役会議長（「筆頭独立社外取締役」[16]）は，数度の社外取締役会議をリードしなければならない。数年の間に社外取締役のメンバーも変わり，彼らが保有する情報にも格差が広がる。社外取締役の全員一致の意見も，かなりハードルが高い。引導説，言うは易く行うは難し。だから，社長には引き際も美しくあってほしい（本書152頁）。

4　社外取締役の資格と人数

　どのような人物が社外取締役に相応しいのだろうか？

　「経営のトップあるいはトップの経験のある人が適任だ」，「経営や法務に関する専門知識を持ち，それを生かすことのできる人」，「経済的独立性，社内常識や業界常識からの独立性，会議の雰囲気やスピードに流されない独立性を堅持できる人」などの意見が多く見られる。また，「経営を知らない有識者や著名人を選ぶのは無意味だ」という意見もある。

　日本弁護士連合会の「社外取締役ガイドライン」によると，取締役会の議題には，「新規事業参入，事業撤退，M&A等組織再編，MBO案件〔Management

Buyout：経営陣が自ら調達した資金で自社の株式や一部の事業部門を買収し，経営権を取得して独立すること〕，内部留保等の適正な活用，剰余金の処分，役員報酬，取締役候補の指名，経営陣交代への関与等[17]」が付議される。確かに，相当な専門的知識と実務経験が必要とされる。

また，海外企業への複雑かつ巨額な投資案件などの賛否も問われ，類似のケースを処理したことのある社長経験者ならいざ知らず，かなり多くの社外取締役は「無言」だ。下記で述べるように，宮内義彦氏が社外取締役候補者として，「まずは」と，最初に「成功した会社の経営者のOB」を挙げていることはうなずける。

しかし，まったく別の見解もある。これも宮内義彦氏だ[18]。「社外取締役は社内のことは分からないという意見もあるが，経営者を見る常識的な目があれば十分である。バランスシートを読めないと駄目だが。むしろ，分かり過ぎると社内の執行部と同じ立場に立って発言してしまう。それは好ましくない。チェック機能が第一だから，アドバイスはできなくとも構わない」〔■**自信満々の宮内氏ならではの意見である。しかし，「経営者を見る常識的な目」をもって「チェック機能」を発揮するにしても，その裏付けとなる力量が問われる**〕。

社外取締役の人数については，「少なくとも3人以上」，「2人でもその機能を十分に果たせる」という「複数」派が多い。ただし，「良い人なら一人でも十分」という意見もある。

例えば，宮内義彦氏は指摘する[19]。

「社外取締役の構成は多様である方がよい。まずは成功した会社の経営者のOB。次に公認会計士や弁護士などの専門家。消費財を扱う企業であれば消費者の代表や金融業であれば社会性の観点から判断できる人材も適任だ。……日本企業は，多数決で物事を決める風土ではない。たとえ少数であっても，実績を残した経営者，そのOBの言うことを聞き入れるはずだ。だから，2人の社外取締役であっても，トップの肩たたきはできる（傍点著者）」

川村隆氏（東京電力ホールディングス会長（当時），日立製作所元社長）は言う[20]。

　「ガバナンス改革で一番大事なのは，社長をいつもちゃんと見ている人が
いるかだ。良い社外取締役が一人いれば十分で，何人が必要などとルール
ばかり作ろうとするから話がややこしくなる」

　■私の経験では，確かに，大企業社長経験者の発言は的を射ている。ただし，
有能なひと１人がいい。複数だと，多分，"会議は踊る"。また，弁護士や公認
会計士などのプロフェッショナルは，最大限２人だ。３人以上になるとお互い
に警戒して活発な議論にならない。本職で競い合っている人たちだからだ。

　こんな情報もある。ソフトバンクの孫正義社長から懇請されて同社の社外
取締役を務めたオリックスの宮内義彦会長（当時）は，「あおぞら銀行の買収
など，案件によっては役員会から席をはずす場面もあった[21]」という。
ソフトバンクが金融事業への傾斜を強めるにつれ，オリックスの事業と重なり
合う案件が増加，「利益相反」問題が生じる恐れが強まったためだ。孫社長ら
はだからこそ宮内氏の意見を求めていたのであろうが……。

5　「社長の期待の程度」と「その人次第」だ！

　2021年６月，東京証券取引所は，コーポレートガバナンス・コードにおいて，
「プライム市場」の上場企業には社外取締役を少なくとも取締役の３分の１
（その他の市場の上場会社においては２名）以上を選任すべきことを定め，「スタ
ンダード市場」の上場会社にも取締役の知識・経験・能力などを一覧した
スキル・マトリックスの開示や社外取締役に他社での経営経験を有する者を
含めるべきだとした[22]。

　東証が社外取締役の拡大に積極的な理由は，海外投資者からの要求もあるが，
すでに導入済みの有力企業の経営者による社外取締役の有用性の指摘などを
踏まえ，社外取締役が企業の成長と発展に役立つと判断しているからであろう。

　すでに紹介したソニーの取締役会議長であった中谷巌氏は，「社外取締役が
制度化されても，その意見を本当に取り入れる姿勢がなければ『お飾り』に
しかならない，最終的には経営者の意識がカギを握っている（下線著者）[23]」
と強調する。

そして，岩田喜美枝氏（資生堂顧問，元同社代表取締役執行役員副社長，当時）は，「社外取締役の『質』と『時間』が問題です（下線著者）。どれだけ社外取締役がその会社にコミットできるかなんです[24]」と述べる。

松本晃氏（カルビー会長兼CEO，当時）も，「大事なのは，社外取締役になる人が，どれだけやるべきことに集中できるか。時間の問題だけではなく，自分の役目をどれだけ意識して果たせるかです（下線著者）[25]」と指摘する。

岩田氏と松本氏の発言は，社外取締役の意義を認識し，社外取締役に期待する経営者の本音だ。お二人は，社外取締役が当該会社に関与できる「時間」と社外取締役としての「質」を問うている。

■私は確信する。社外取締役制度が有効に機能するかどうかは，「社長の社外取締役に対する期待の程度」と「社外取締役その人」次第だ。

6　社外監査役

社外監査役についての感想である。

社長は監査役に何を期待するのか。元伊藤忠商事監査役の別府正之助氏は，次のように分類する（順序は一部修正，傍点著者）[26]。

① 法制上必要だから監査役を設置しているが，特に経営上の貢献を期待しているわけでもない。

② 自分にはアドバイスしてくれる人がいるので，監査役に監視してもらうつもりはない。監査役はとても自分にものを言えないのではないか。

③ 部下の1人として，取締役と同じように自分をサポートしてもらいたい。監査を担当しているのだから，自分の目が届かないところや気付かない点を調べて報告してもらいたい。

④ 監査役は取締役の仕事ぶりを監視する役目だから，副社長以下の仕事ぶりに問題があれば言って来てほしい。

⑤ 監査役は業務執行の最高責任者である自分をしっかり監視して気付いた点は遠慮せずに言ってもらいたい。監査役個々人では言いにくいだろうから，監査役会の総意として指摘してもらいたい。

⑥　「監査役会の基本任務はCEOの監視・牽制である」ことを，社内・社外
　　にはっきりと周知しておくべきだ。

　■⑤や⑥のような社長であれば，監査役としては，こんなにありがたいこと
はない。しかし，①や②のような社長も厳然として存在する。監査役に対する
社長の姿勢，つまり「⑤⑥：③④：①②」を，「2：6：2」と評価すること
は間違っているだろうか。

　私は主張する。

　日本の監査役制度はもっと評価されていい。なぜなら，監査役会を構成する
社内監査役は，これまでの自らのバックグラウンドと同僚との関係を通じて，
会社に関する情報をかなり有している。いつでも取締役や社員に対して事業の
報告を求め，会社の業務などの状況を調査することもできる。社内取締役と
社外監査役が情報を共有するならば経営陣により強く迫ることもできる。
場合によっては株主総会を不成立にさせることもできる。「監査」「監督」と
いう視点からは出席する取締役会で提供されたもの以外に情報を持たない
社外取締役より効果的に機能することができる。

　最大の問題は，経営者が監査役を取締役の「下」に位置付けていることだ。
監査役を「上」にとは言わないが，少なくとも並列の関係に置かなければなら
ない。

　一方で，腰が引けている監査役も多い。監査役も自らのキャリアをベースに
積極的に発言し，行動しなければならない。

注 ——————

(1)　日本経済新聞「社外取締役は戦えるか」，2002年7月28日
(2)　日本経済新聞「法制審，商法改正案を答申」，2002年2月14日
(3)　日本経済新聞「社外取締役 こう動いた」，2005年6月6日
(4)　東京証券取引所「東証上場会社における独立社外取締役の選任状況」，2020年9月7日
(5)　山田仁一郎「社外取締役制度の課題『多様化だけでは機能せず』」日本経済新聞，2020
　　年7月27日
(6)　冨山和彦「『ムラ型』の統治 打破を」日本経済新聞，2013年9月22日
(7)　東京証券取引所「コーポレートガバナンス・コード〜会社の持続的な成長と中長期的な
　　企業価値向上のために〜」，〔原則4−7〕，2021年6月11日

⑻ 宮内義彦「社外取締役が少数であってもトップの肩たたきはできる」『週刊ダイヤモンド』，2015年5月16日，109頁

⑼ 大田弘子「有事に経営者にノーと言えるか 社外取締役は健全な緊張感保て」『日経ヴェリタス』，2016年3月20日

⑽ 中谷巌「社内論理とは一線」日本経済新聞，2005年6月6日

⑾ 松本晃×牛島信「企業統治の正鵠」『経済界』，2016年2月23日，100頁

⑿ 日本経済新聞，前掲⑴，2002年7月28日

⒀ 小林陽太郎「誰のための社外取締役か？」日本経済新聞，2005年6月19日

⒁ 冨山和彦「『社外役員の再生』急務」日本経済新聞，2011年12月5日

⒂ 丹羽宇一郎「社外取締役は飾り窓の人形か」毎日新聞，2015年7月2日

⒃ 東京証券取引所，前掲⑺補充原則4－8②，2021年6月11日

⒄ 日本弁護士連合会「社外取締役ガイドライン」，2019年3月14日

⒅ 宮内義彦，前掲⑻，2015年5月16日

⒆ 同上

⒇ 日本経済新聞「インタビュー 川村隆日立元社長」，2019年3月2日

㉑ 日本経済新聞，前掲⑴，2002年7月28日

㉒ 東京証券取引所「コーポレートガバナンス・コードの全原則適用に係る対応について」，〔原則4－8〕，補充原則4－11①，2021年2月15日

㉓ 中谷巌，前掲⑽，日本経済新聞，2005年6月6日

㉔ 岩田喜美枝×牛島信「企業統治の正鵠」『経済界』，2016年1月26日

㉕ 松本晃×牛島信，前掲⑾，2016年2月23日

㉖ 別府正之助『経営を監視する監査役 ― 日本型ガバナンスのキーパーソン』同文舘出版，平成21年，157頁。拙著『監査役に何ができるか（第2版）』中央経済社，2013年，23頁

第10章

内部統制
── 「攻めのガバナンス」と「守りのガバナンス」──

　「内部統制」(Internal Control) の「内部」について，多くの人々は，「会社内部」と理解している。間違いではない。そして，多くの社長は，内部統制とは不正会計を含む不祥事を未然に防止するための社内管理手段であり，それは，自らが事業を有効かつ効率的に遂行するための，自らのためのシステムであると解し，当然，社長としての自分はその埒外にあると考えているに違いない。そこに大きな落とし穴がある。

1　内部統制概史 ── こういう背景の理解が大切です

　まず，内部統制の展開についてごく簡単に紹介しよう（詳しくは，拙著『アメリカ監査論 ── マルチディメンショナル・アプローチ&リスク・アプローチ』中央経済社，1994年）。
　現代内部統制の展開は，米国に見ることができる。1860年代からの鉄道の時代，米国最大のペンシルベニア鉄道をはじめ多くの鉄道会社は，例えば，駅舎窓口での切符販売担当者による現金の管理，車掌の車内での現金の取扱い，切符の発行と保管，輸送する農産物の管理などに関する「内部牽制」と本社による駅舎などへの「内部監査」からなる「内部統制」を導入した。そして，当時はまだ社会的に認知されていなかった職業会計士が，自らの職域開拓の手段として内部統制方法や手続を企業に売り込んでいったのである。その結果，多くの企業は，各種の内部統制方法や手続を経営管理の用具として採用していった。

　話は飛ぶが，1933年証券法と34年証券取引所法に基づく法定監査に入ってからの1936年，「米国会計士協会」（AIA：American Institute of Accountants）は，外部会計監査人としての立場から，「内部統制とは会計記録の正確性と資産の保全を確保するための手段や方法である」と初めて定義し，会員の会計士に対して，財務諸表監査の範囲を決定する際に被監査会社の内部統制をレビューすることを求めたのである。つまり，被監査会社の内部統制の整備・運用状況を評価し，それが良好であれば監査の範囲を縮小することができ，それに欠陥や弱点があれば監査の範囲を拡大するということである。

　その後の「米国公認会計士協会」（American Institute of Certified Public Accountants，1957年にAIAから名称変更）が定める監査手続書（監査実務指針）は，外部監査人としての責任を明確にしかつ狭める意味もあって，監査人がレビューする内部統制の範囲を「会計に係る統制」（会計統制（accounting control）という）に限定し，それ以外の統制（経営統制（administrative control）という。主に経営能率の向上や経営方針の遵守に関連する統制で，品質管理や人事管理など）については監査の対象外としたのである。つまり，基本的には，資産の保全と会計記録の信頼性を確保するための統制だけに焦点を当て，例えば，営業・保管・会計はそれぞれ独立しているか，資産の現物管理は適正に行われているか，内部監査（人）の会計監査に係る実施や経営者への報告は適切かなどをレビューすることとしたのである。

　ところが，1970年代以降になると，会計監査人による無限定適正意見が付された財務諸表を発表した大企業が倒産し，またウォーターゲート事件の調査の過程で著名企業による政治献金や多国籍企業による贈賄などの不祥事が判明したため，会計監査人に対して多くの訴訟が提起された。投資大衆はこう主張した。「公認会計士は経営者の不正を摘発すべきであった」「監査法人は倒産した企業が差し迫った状況にあったことを警告すべきであった」

　そこで，米国公認会計士協会は，1985年，米国会計学会，米国管理会計士協会，内部監査人協会，財務担当経営者協会に呼びかけて，「不正財務報告に関する全国委員会」（元SEC委員長 J.C. Treadway）を設置した。トレッドウェイ委員会は，不正の根源は経営者にあるとし，公開会社の経営者に対して，不正財務報告を未然に防止しまたは早期に摘発するために，財務報告に関する

総合的な「統制環境」を確立することなどを勧告，そして，公認会計士に対しては，その統制環境の整備・運用状況を通常の財務諸表監査に当たって評価し，それに基づいて監査計画を策定することなどを求めた。ここで，「統制環境」という概念が登場したのである（本書172頁）。

　このトレッドウェイ委員会による勧告の実効を上げるための支援組織（上記の５つの団体）がCOSO委員会（Committee of Sponsoring Organization of the Treadway Commission）である。同委員会は1992年，「内部統制の統合的枠組み」と題する報告書を発表，「内部統制とは，業務の有効性と効率性，財務報告の信頼性，関連法規の遵守という３つの目的を達成するために，事業体の経営者や取締役会，その他の構成員によって遂行されるプロセスである[1]」と定義し，内部統制を，「経営全体を管理するための統制システム」と位置付けたのである。そして，それを構築しかつ運用することの責任は経営者にあるとした。このことは，会計監査人の立場からすると，これまで彼らが除外してきた「経営統制」も内部統制に含まれ，それを評価することも財務諸表監査の対象になるということだ。

　そして，同報告書は，内部統制は「統制環境」（control environment），「リスク評価」（risk assessment），「統制活動」（control activities），「情報とコミュニケーション」（information and communication），「モニタリング」（monitoring）の５つの要素によって構成されるとした。

　このCOSO報告書が現代内部統制論のベースになっているのである。

　その後，米国においては，エンロンやワールドコムなど大手企業の粉飾決算に起因する経営破綻，業界最大手のアーサー・アンダーセン会計事務所の解体などにより，2002年７月，「米国企業会計改革法」（正式には「公開会社会計改革並びに投資者保護法」）が制定された（本法は法案を提出した議員２人の名前から略称「サーベンス・オクスレー法」と呼ばれ，その頭文字から“SOX法”とも表記されている）。これにより，内部統制の３つの目的の１つである財務報告の信頼性を確保するために，財務報告に係る内部統制について，その有効性を評価・報告することを上場企業の経営者に要求し，その経営者の報告に対する公認会計士または監査法人による監査を2004年末から導入したのである。

ところで，わが国における内部統制の法制化は，会社法と金融商品取引法において見られる。

2　会社法の内部統制 ── え！　829億円もの損害賠償

1995年7月，大和銀行ニューヨーク支店の元嘱託行員が，1984年から1995年までの11年間にわたって米国債の不正な簿外取引により約11億ドルもの損失を発生させたことを取締役に告白した。ところが，大和銀行はその損失を伏せたままの資産報告書を米連邦準備制度理事会（FRB：Federal Reserve Board）に提出したため，「共同謀議」など24の罪で起訴された。同行は1996年2月，16件の有罪を認め，残りの起訴を取り下げてもらう司法取引に応じ，史上最高額といわれる3億4千万ドル（当時の為替レートで約350億円）の罰金を支払った。この事件で大和銀行は米国からの全面撤退を余儀なくされたのである。

同行の株主は，当時の取締役ら49人に対して，約11億ドルの損失と捜査当局に支払った罰金など3億5,000万ドル（弁護士報酬1,000万ドルを含む）の総額14億5,000万ドル（約1,550億円）を賠償するよう求めた。2000年9月20日，大阪地裁は，株主側の訴えを一部認め，当時ニューヨーク支店長だった元副頭取に単独で5億3,000万ドル（約567億円），11人の取締役に計約2億4,500万ドル（約262億円）という株主代表訴訟では前例のない巨額な損害賠償を命じたのである。

そして，地裁は，元行員が約11億ドルの損失を発生させたことに関する取締役の管理責任について，「大和銀行ニューヨーク支店の証券保管残高の確認方法が著しく適切さを欠いていたことなどにより，元行員に不正の機会を与える結果になった」と判断，取締役の内部統制の整備義務違反を善管注意義務違反としたのである。つまり，大阪地裁は，内部統制は会社の自律的な法令遵守やリスク管理などのために必要な基本的体制であり，それを自ら構築し適切に運用しなければ，取締役は任務懈怠責任に問われることを判示したのである[2]。

この事件を契機に，2006年5月施行の会社法は，「大会社」（資本金5億円

以上または負債総額200億円以上の株式会社）に対し内部統制に関する基本方針を
5月施行後の最初の取締役会で決定すること，そして内部統制の概要を事業
報告の一部として株主総会で報告することを求めた。

　現在の会社法第362条5項は，大会社である取締役会設置会社に対して，
「取締役会は，取締役の職務の執行が法令及び定款に適合することを確保する
ための体制その他株式会社の業務並びに当該株式会社及びその子会社から成る
企業集団の業務の適正を確保するために必要なものとして法務省令で定める
体制の整備を決定しなければならない（傍点著者）」と定めている。そして，
「体制」については，法務省令（会社法施行規則第100条）が規定している[(3)]。
この「体制」が「内部統制システム」と呼ばれている。ただし，会社法も，
会社法施行規則も，内部統制そのものについては定義していない。

　■注意すべきことは，内部統制システムを「整備」しさえすれば，経営
トップ以下関係役員は損害賠償責任を免れるということではない。その方針が
現場で「運用」されているかどうかも問われる。

　各社は関係団体などが示す「内部統制システムのひな型」に沿って内部統制
を文書化しているので，"立派"なものを有している。問題は，それが現場で
適切に運用されているかどうかである。各現場担当の取締役は自らがリーダー
となって，内部統制の実効が上がるよう努めなければならない。

3　金融商品取引法の内部統制 ―― 西武鉄道追放！

　2004年10月13日，西武鉄道（東京証券取引所第一部上場）が2004年3月期の
有価証券報告書において，同社の筆頭株主であるコクド（創業家が支配する
非上場会社）の所有する西武鉄道の持株比率を故意に虚偽記載したことが発覚
した。

　東京証券取引所のルールでは，上場会社の大株主のうち上位10名が保有する
株式総計が発行済株式の80％を超えると上場廃止になるが，西武鉄道の株式の
88％超はコクドをはじめとする西武グループが保有していた。同社は上場廃止
を免れるため，有価証券報告書や半期報告書における保有株式数について
40年以上も虚偽記載していたのである。

11月16日，金融庁は，公開企業4,547社を対象に有価証券報告書の一斉点検などの不正開示対策を発表。波紋が広がる中，東証は12月16日，西武鉄道の上場廃止を決定，初めて不適切な情報開示を理由に市場から退場させた（なお，西武鉄道は10年後の2014年4月に東証第一部に再上場）。また17日には有価証券報告書の一斉点検が締め切られたが，なんと500社を超える企業が訂正報告書（主に株主や役員が所有する株式数の誤り，子会社株式の所有割合の誤り，1年内に返済の流動負債を固定負債に区分するなどの財務諸表の区分に関する訂正など）を届け出た[4]。

これらの事件を背景に，投資者保護を目的とする金融商品取引法は2006年6月に改訂され，同法は，内部統制報告・監査制度の導入を義務化した。そこでは，同法の対象となる上場企業の経営者に対し，企業の財務報告に係る内部統制の有効性に関する評価結果を示した内部統制報告書を作成すること，そして当該報告書の適正性に関する監査法人などによる内部統制監査を実施することを，2008年4月以降に開始する事業年度から義務付けたのである。

この"J-SOX"と称される金融商品取引法に基づく財務報告の信頼性を確保するための内部統制報告・監査制度は，米国のSOX法をモデルにしているのである（本書169頁）。

4 現代内部統制 ──"キーワード"は「統制環境」

金融庁長官の諮問機関である企業会計審議会は，金融商品取引法における内部統制報告・監査制度を実施するために，2007年2月，「財務報告に係る内部統制の評価及び監査の基準」（「内部統制基準」と略称）を発表した。

会社法や同施行規則が内部統制について定義していないことについては指摘したが，内部統制基準は，「内部統制とは，基本的に，業務の有効性及び効率性，財務報告の信頼性，事業活動に関わる法令等の遵守並びに資産の保全の4つの目的が達成されているとの合理的な保証を得るために，業務に組み込まれ，組織内のすべての者によって遂行されるプロセスをいう」と定義した。

このように，内部統制とは経営全体を管理するための統制システムである。この基本的視点は先のCOSO報告書を踏襲している。それは，国際的な内部

統制議論が同報告書をベースにしているからである（本書169頁）。ただし，COSO報告書は内部統制の目的を３つ掲げていたが，ここでは「資産の保全」を加え４つ示している。

　そして，内部統制基準は，内部統制は以下の６つの基本的要素から構成されるとする。

　(1)　**統制環境** ── 統制環境とは，組織の気風を決定し，組織内のすべての者の統制に対する意識に影響を与えるとともに，他の５つの基本的要素の基礎をなし，それらに影響を及ぼす基盤をいう。統制環境には，例えば，誠実性と倫理観，経営者の意向や姿勢，経営方針と経営戦略，取締役会および監査役または監査委員会の有する機能，組織構造および慣行，権限と職責，人的資源に対する方針と管理が挙げられる。

　若干補足説明しよう。

　内部統制は企業構成員によって遂行されるプロセスであることから，すべての者の誠実性や倫理観に大きく依存するが，特に組織の頂点に立つ社長の誠実性や倫理観に基づいた行動が重要であることは言うまでもない。また，社長の意向や姿勢は，予算・利益・その他の目標を達成しようとする意欲，財務報告に対する考え方（会計方針の選択や会計上の見積りを行う際にアグレッシブか保守的か）などに影響を及ぼす。

　経営方針と経営戦略は，企業の将来性，事業の運営方法にはもちろん，企業の直面するビジネス・リスクへの対処などにも大きな影響を与える。

　取締役会は，すでに検討したように，企業の持続的な成長と発展を図るためのそして企業の社会的責任を果たすためのマネジメント体制の骨格を形成する。また，内部統制の整備・運用に係る基本方針を決定し，取締役の内部統制の整備・運用に対する監督責任を負っている。

　監査役または監査委員会は，取締役の職務の執行を監査し，内部統制システムの整備・運用状況も監査し株主総会で報告する任務を負う。

　事業部制やカンパニー制などの組織構造やそれぞれの企業が属する業界の長い間の慣行，業務活動に対する権限と責任の付与，承認と報告の命令系統などは，企業全体の内部統制の効果的な運用と密接に関係している。

　さらに，従業員の採用，教育・研修，評価，昇進，給与体系，懲戒制度など

の人事に関する方針や管理も，健全な職場を醸成するベースである。

　⑵　**リスクの評価と対応** —— リスクの評価とは，天災，市場競争の激化，外国為替や資源相場の変動などの外部的要因と情報システムの故障，不正な会計処理の発生，重要な情報の流出といった内部的要因によってもたらされるビジネス・リスクを識別し，それらのリスクの重要性を分析し，リスク発生の可能性を評価することである。また，リスクへの対応とは，リスクの評価を受けて，例えば，リスクの発生可能性や影響を弱めるため新たな内部統制を構築したり，各種の保険への加入やヘッジ取引の締結などによってリスクを移転することである。

　⑶　**統制活動** —— 統制活動とは，経営者の命令及び指示が適切に実行されることを確保するために定める方針や手続をいう。

　具体的には，権限の委譲と責任の分担，職務の分掌，業務相互間の照合・調整，内部牽制，資産の保全などに係る方針と手続を整備し運用することである。これらは，あらゆる階層，部門・部署などの事業活動に組み込まれている。

　⑷　**情報と伝達** —— 情報と伝達とは，必要な情報が識別・把握・処理され，組織内外の関係者相互に正しく伝えられることを確保することをいう。これは，人的および機械化された情報システムを通して行われる。

　⑸　**モニタリング** —— モニタリングとは，内部統制が有効に機能していることを継続的に評価するプロセスをいう。

　モニタリングには，通常の業務に組み込まれて行われる活動（例えば，製造・在庫・販売部門における帳簿記録と実際数量とのチェックなど）と監査役監査や内部監査などが含まれる。

　⑹　**ITへの対応** —— 企業はITに大きく依存しているので，ITに対する適切な方針や手続を定め，それを踏まえて，業務の実施において組織の内外のITに対し適切に対応することが不可欠である。

　■このように，「内部統制」の概念とその構成要素は，COSO報告書をベースに国際的に統一されている。ただし，**構成要素については，COSO報告書が5つであるのに対し，日本の内部統制基準は「ITへの対応」を加えて6つである。**"キーワード"は「統制環境」である。

5　会社法と金融商品取引法の内部統制の違い

　会社法は，株式会社及び企業集団の業務の適正を確保するために，「内部統制システム」の整備を求めている。つまり，取締役の職務の執行に係る情報の保存及び管理に関する体制，会社の損失の危険の管理に対する規程その他の体制，取締役の職務の執行が効率的に行われることを確保するための体制，社員・従業員などのコンプライアンスの体制，の整備である（本書177頁）。

　金融商品取引法は，内部統制の4つの目的の1つである「財務報告の信頼性を確保するための内部統制」のみを対象としている。カバーする領域としては会社法の内部統制システムの方が広い。

　実際に適用される会社数は，会社法は「大会社」である約10,000社，金融商品取引法は上場企業を中心に約4,000社である。

　会社法上の内部統制システムについて具体的にどのように取り組むかは，会社に委ねられている。金融商品取引法上の内部統制の具体的な手続は「内部統制基準」に定められている。また，会社法上の内部統制システムの整備・運用状況は監査役の監査対象になるが，公認会計士や監査法人の監査対象には原則的にはならない。金融商品取引法上の内部統制は，監査法人などの監査対象となるため，対象企業の負担は大きく，結果としてその実効性は高い。

6　社長！　内部統制の整備と運用はあなたの責任です

　上で見たように，会社法の要請であれ金融商品取引法の要求であれ，現行の内部統制（本書168頁の「経営統制」も含む）の整備と運用の最終責任は経営者にあるということである。この事実を知らない経営者が多い。だから，不祥事が発覚しても，「私は知らなかった」「私には連絡がなかった」というような「恥ずかしい」謝罪会見をしているのである。

　なお，金融商品取引法対象会社の経営者は，財務報告の信頼性に係る内部統制報告書を，虚偽はないという「確認書」とともに，会計監査を担当する監査法人などに提出する。虚偽の内部統制報告書を提出した場合には，経営者

は最大で懲役5年，罰金5百万円の刑事罰が科される。

7　コーポレート・ガバナンスと内部統制との関係

　企業が地球環境を守り，人類の幸福を追求するという社会的責任を果たすためには，企業は持続的に成長し発展しなければならない。その持続的成長と発展のための仕組みがコーポレート・ガバナンスである。そして，コーポレート・ガバナンスは，①理念（ミッション）と経営者のリーダーシップ，②マネジメント体制，特に取締役会，③企業・企業人としてのコンプライアンス（倫理・法令などの遵守），④ディスクロージャーとステークホルダーとのコミュニケーション，の4つで構成される（本書123頁）。

　では，コーポレート・ガバナンスと内部統制（その6つの構成要素）とは，どのような関係にあるのだろうか。

　①の理念（ミッション）と経営者のリーダーシップは，内部統制の6つの基本的要素の中核である「統制環境」に含まれ，②の取締役会を含むマネジメント体制は「統制環境」と特に「統制活動」に係る。③の企業・企業人としてのコンプライアンスは「統制環境」に含まれ，「統制活動」とも密接に関係する。④のディスクロージャーとコミュニケーションは，「情報と伝達」だ。

　したがって，コーポレート・ガバナンスと内部統制の構成要素は，多くの点で重なっている。両者とも，"企業の持続的な成長・発展"と"企業価値の創造"を目指すためにある（これをガバナンスの立場からは「攻めのガバナンス」という）。そして，両者とも，企業及び企業集団の"リスク管理システム"でもある（これを「守りのガバナンス」ともいう）。

　敢えて両者の違いを指摘するならば，内部統制の整備・運用は会社法と金融商品取引法により定められているが，コーポレートガバナンス・コードは，"ソフトロー"といわれ，"コンプライ・オア・エクスプレイン"（comply or explain）と呼ばれる手法を採用していることだ。これは，コーポレートガバナンス・コードが規定する「原則」をすべて遵守する義務はなく，なぜ遵守しないかを説明すればよい。エクスプレイン事例については，ステークホルダーとの対話を通じて自律的に修正することになる。

注

(1) The Committee of Sponsoring Organization of the Treadway Commission, *Internal Control - Integrated Framework*, September 1992

(2) 本件については，以下の論稿に依拠している。

　　加藤亮太郎「大和銀行ニューヨーク支店損失事件 株主代表訴訟第一審判決 — 内部統制と取締役の責任について」『彦根論叢』(滋賀大学経済学会) 第331号，2001年6月

(3) 会社法施行規則第100条

　一　当該株式会社の取締役の職務の執行に係る情報の保存及び管理に関する体制

　二　当該株式会社の損失の危険の管理に関する規程その他の体制

　三　当該株式会社の取締役の職務の執行が効率的に行われることを確保するための体制

　四　当該株式会社の使用人の職務の執行が法令及び定款に適合することを確保するための体制

　五　企業集団における業務の適正を確保するための体制

(4) 日本経済新聞「有価証券報告書点検に未回答 悪質なら立ち入り」，2004年12月23日

おわりに

　本書のベースには，約30年間の新聞と週刊誌・月刊誌などの記事がある。
　その新聞の購読者が減っているという。確かに，最新の情報に常時アクセスできるという点では，新聞はスマホやパソコン，テレビに劣る。しかし，私たちは，目や耳からの“瞬間的な情報”を，新聞の活字を通して確認し，かつ新たな情報を得ることができる。政治や経済，各種の事件などの原因や背景を分析し解説する記事をじっくり読むことによって，世の中の動きを深く知ることができ，次に起こりうる事象についても，時には予見することができる。文化面の記事を通して，へえ！ と感心したり，なるほどとうなずく。これらは，新聞ならではの特点だ。

　日本の新聞の主張にはあまり大きな差異はない。しかし，各紙は伝統的な“スタンス”と独自の切り口に基づいて読者に情報を提供している。スタンスの違いは，時の政権との距離感の違いである。それは，読者の政権との距離感の違いにもつながる。
　いずれにせよ，新聞は政治への警鐘を鳴らし続け，具体的な道筋を提示しなければならない。事象の本質を的確にとらえ，正しい方向に向かうべく世論をリードするのも新聞の役割だ。多くの国民は新聞にそのようなことを期待している。その説明責任を果たすために，署名入りの記事も目立ってきた。好ましいことだ。
　だが，問題もある。それは，はじめから筋書きができていて，それを補足する材料を見つける手法で記事にすることだ。電話で質問され，率直に話すと，記者にとって都合のいい部分だけを取り上げ，紙面の最後に○○談とする手法はダメだ。また，会社側の発表を何らのコメントもなく紹介する記事もアウトだ。そんな記事は読者の活字離れを助長するだけだ。ネットの時代とはいえ，記者は足で稼ぐ精神を忘れてはならない。

　私が育った埼玉県北部の"赤城おろし"のような冷たい強風の吹き荒れる夜半11時ごろ，知られていないはずの渋谷の官舎のベルがなった。「○○新聞の○○です。東芝事件のことで少しお尋ねしたいのですが」とのこと。立場上，応じられなかった。

　数日後，日本監査研究学会での講演が終わると，約束していないのに，そして日曜日にもかかわらず，その記者が待ち構えていた。先夜のこともあり熱意にほだされて，30分ほど質問に答えた。底のすり減った運動靴で，背中のカバンからノートを取り出し鉛筆で書き始めた。しかし，記事にはならなかった。

　週刊誌や月刊誌の役割も大きい。重要なテーマに関しては，取材班や特集班を編成し，徹底した取材を行う。どうしてこんな情報を入手できたのだろうかと思える記事もある。フォレンジック調査も駆使し，削除されたはずのデータに基づいて生々しい"裏事情"も伝える。

　読者の注意を惹きつけるために，見出しには新聞では表現できないいささか過激な用語が躍る。例えば，東芝事件では，

　「社長に送った"極秘"メールの中身」「危機の東芝が頭を抱える『もう一つの巨大事業トラブル』」「無謀な"チャレンジ"，利益水増しを不可避にしたWH買収とリーマン・ショック」「東芝の闇 ―『3.11』が招いた決算不能と予算必達の呪縛」「現場から悲鳴が噴出，告発が暴いた『病巣』」「『不適切会計1,500億円』の戦犯たち」「いかにして東芝は不正会計に"成功"したか」「もはや修復不能だった西田と佐々木の確執」「東芝『人事抗争』の果て『あぁ，社長がいなくなった！』」「東芝と経団連の深い縁，ついえた財界総理の座」「スクープ 東芝減損隠し，第三者委員会と謀議」「男の嫉妬は陰にこもる，東芝崩壊を招いた"ダメ社長"たち」などなど。

　そして，新聞では避けるかなりのリスクを負いながらも事実に近づいていく。東芝は，"爆弾"とか"アキレス腱"といわれたウェスチングハウスの情報開示を拒否し続けた。それを白日の下に晒したのは，週刊誌や月刊誌である。

　大学１年生の時，『"花見酒"の経済』が話題になり目を通した。その著者，朝日新聞の論説主幹 笠 信太郎氏（当時）は，記者としての仕事を「賽の河原

で石を積む」と喩え，正しいと信じる主張が受け入れられず「むなしくなる」と語っていた。だが，「ジャーナリズムが諦めたらだれが主張するのか」とも述べていた。新聞や雑誌の"健全なオピニオンリーダー"としての役割は，いかに重視しても，重視しすぎることはない。

　7年前，慶應義塾湘南藤沢高等部で"公認会計士の魅力"というテーマで講演した。70人ほどの生徒が参加してくれた。講演中少し横を向いていたある生徒が「公認会計士の仕事はAIに取って代わられてしまうのではないですか？」と質問した。

　人工知能（AI）が仕事を奪うことへの懸念が広がり，現実に起きている。この問題に早くから取り組んでこられた数学者の新井紀子・国立情報学研究所教授は主張する（日本経済新聞「AI時代の生き残り術」，2019年6月17日）。

　「進化したAIが人類を支配するシンギュラリティー（技術特異点）のようなことは起きません」との最初のことばに，少し"ほっと"する。

　「しかし，定型的な頭脳労働の一部がデジタル化されて，機械に置きかわるのは間違いない。デジタルは数値データの処理に最も威力を発揮するので，やはり銀行や証券，保険業界等への影響は大きいでしょう。……理科系も安心できません。生産性の低いプログラミングの会社は整理されていく。これから，2030年ぐらいまでの間に，デジタル化を前提にした最適化が進行し，非常に多くの業態が再編されるでしょう。おそらく誰もがこの劇的な環境変化に巻き込まれる」と言われる。

　では，どうすればいいのか。

　「つきつめると，それは読解力と論理力です。他の人と働くのであれば，コミュニケーション能力がそれなりにあれば，どんな世の中になっても怖いものはない。この3つの基本さえできれば，機械との競争には負けない。機械は意味を理解しませんから」と，元気づけてくれる。

　「読解力が不足しているとミスが出やすい。すると多忙になりすべてが後手に回ってしまう。そんな状態に陥る前に，読解力をつけた方がいい。知識量を求める前に，新聞のひとつの記事を一字一句読む。どういう意味か考えながら，じっくり文字を追う。ノートに要約を書くのもいい」

「自分の頭で考えることが大事です。効率が悪いと思っても，腑（ふ）に落ちるまで読み込む。1年続ければきっとすばらしいことになる。そうした努力を続けられれば，それほどAIを恐れる必要はないはずです」

熊谷高校2・3年のクラス担任は，橋本隆志先生だった。教え子が希望するメディアに就職できたという。その教え子は，朝日新聞一面の「天声人語」を毎日ノートに書き写していた。すると，ことばの正しい意味や使い方がわかり，文章を書くことに自信がついたという。そんな話をされた。

橋本先生のお話が頭から離れなかった。教員時代の46年間は"板書主義"を貫いた。プリント類は配付せず，ノートに書かせた。「今のノートは君たちの書棚の中央でいつまでも輝いている」と説いた。

そして，この4年間，新聞や雑誌の記事を毎日毎日インプットした。背景となった事象を思い浮かべ，参考文献を参照しながら原稿を整理した。すると，正確な語意がわかり，かつボキャブラリーが多少広がった。また，この記事はあの編集委員ではないか，あの記者に違いないと，面識のない彼らのアプローチや癖（くせ）を見抜くことができるようになった。

新井教授の指摘される「新聞の記事を一字一句読む。どういう意味か考えながら，じっくり文字を追う。そしてノートに要約を書く」ことの大切さを改めて確認でき，AIやDXの時代に生きる多少の自信を得た。

本書もまた，中央経済社にお世話になった。社長山本継氏，取締役常務秋山宗一氏，取締役小坂井和重氏，執行役員田邉一正氏に心からお礼を申し上げる。

2022年春　窓辺の桜とともに桂川を眺めつつ

千代田邦夫

〔著者紹介〕

千代田　邦夫（ちよだ　くにお）

1966年　早稲田大学第一商学部卒業
1968年　早稲田大学大学院商学研究科修士課程修了
1968年　鹿児島経済大学助手，講師，助教授（〜1976年）
1976年　立命館大学経営学部助教授（〜1984年）
1984年　立命館大学経営学部教授（〜2006年）
2006年　立命館大学大学院経営管理研究科教授（〜2009年）
2009年　熊本学園大学大学院会計専門職研究科教授（〜2012年）
2012年　早稲田大学大学院会計研究科教授（〜2014年）
2013年　金融庁公認会計士・監査審査会会長（〜2016年）
現　在　立命館大学大学院経営管理研究科客員教授，立命館アジア太平洋大学客員教授
　　　　MS&ADインシュアランスグループホールディングス株式会社監査役
　　　　寺崎電気産業株式会社取締役監査等委員，星和電機株式会社取締役監査等委員
　　　　経営学博士，公認会計士

1973年　チュレイン大学大学院留学（〜1974年）
1981年　ライス大学客員研究員（〜1982年）
1992年　アメリカン大学客員研究員（〜1993年）
1998年　公認会計士試験第2次試験委員（〜2000年）
2003年　公認会計士試験第3次試験委員（〜2006年）

日経・経済図書文化賞
日本会計研究学会太田賞
日本内部監査協会青木賞
日本公認会計士協会学術賞
辻真会計賞

〈主要著書〉
単　著：『新版会計学入門―会計・監査の基礎を学ぶ』（第7版），中央経済社，2022年
　　　　『現場力がUPする課長の会計強化書』中央経済社，2019年
　　　　『財務ディスクロージャーと会計士監査の進化』中央経済社，2018年
　　　　『闘う公認会計士―アメリカにおける150年の軌跡』中央経済社，2014年
　　　　『監査役に何ができるか？』（第2版），中央経済社，2013年
　　　　『現代会計監査論』（全面改訂版），税務経理協会，2009年
　　　　『会計学入門―会計・税務・監査の基礎を学ぶ』（第9版），中央経済社，2008年
　　　　『貸借対照表監査研究』中央経済社，2008年
　　　　『日本会計』李敏校閲・李文忠訳，上海財経大学出版社，2006年
　　　　『課長の会計道』中央経済社，2004年
　　　　『監査論の基礎』税務経理協会，1998年
　　　　『アメリカ監査論―マルチディメンショナル・アプローチとリスク・アプローチ』中央経済社，1994年
　　　　　（日経・経済図書文化賞，日本会計研究学会太田賞，日本内部監査協会青木賞）
　　　　『公認会計士―あるプロフェッショナル100年の闘い』文理閣，1987年
　　　　『アメリカ監査制度発達史』中央経済社，1984年（日本公認会計士協会学術賞）
共　著：『会計監査と企業統治』（『体系現代会計学第7巻』）千代田邦夫・鳥羽至英責任編集，中央経済社，2011年
　　　　『公認会計士試験制度』日本監査研究学会編，第一法規，1993年
　　　　『新監査基準・準則』日本監査研究学会編，第一法規，1992年
　　　　『監査法人』日本監査研究学会編，第一法規，1990年
共　訳：『ウォーレスの監査論―自由市場と規制市場における監査の経済的役割』千代田邦夫・盛田良久・百合野
　　　　正博・朴大栄・伊豫田隆俊，同文舘出版，1991年

経営者はどこに行ってしまったのか
―東芝 今に続く混迷

2022年9月10日　第1版第1刷発行

著　者　千　代　田　邦　夫
発行者　山　本　　　　継
発行所　㈱中　央　経　済　社
発売元　㈱中央経済グループ
　　　　パ ブ リ ッ シ ン グ

〒101-0051　東京都千代田区神田神保町1-31-2
電話　03 (3293) 3371 (編集代表)
　　　03 (3293) 3381 (営業代表)
https://www.chuokeizai.co.jp
印刷／三 英 印 刷 ㈱
製本／㈲井 上 製 本 所

© 2022
Printed in Japan

著者渾身の研究書

アメリカ監査論（第 2 版）

—マルチディメンショナル・アプローチ＆リスク・アプローチ—

千代田邦夫（著）

<A5 判・784 頁>

　企業の不正な財務報告を防止かつ摘発し，十分かつ適正な財務報告を達成するためにはマルチディメンショナル・アプローチが必須であることを主張し，リスク・アプローチに基づく現代アメリカ財務諸表監査を分析。

貸借対照表監査研究

千代田邦夫（著）

<A5 判・512 頁>

　わが国の通説「アメリカ式監査＝貸借対照表監査＝信用監査」は，果たして正しいか？　膨大な日米の文献や公表資料を渉猟し，貸借対照表監査の本質を探る。

闘う公認会計士—アメリカにおける 150 年の軌跡

千代田邦夫（著）

<A5 判・312 頁>

　日本の公認会計士監査制度の範となったアメリカにおいて，公認会計士がどのように発展を遂げたか，150 年の歴史を学ぶことにより，日本のあるべき姿を探る研究書。

財務ディスクロージャーと会計士監査の進化

千代田邦夫（著）

<A5 判・808 頁>

　アメリカにおける法定監査以前の財務ディスクロージャーと会計士監査に関する起源と発展の軌跡を，オリジナル資料をもとに解明し，その本質を明らかにする研究書。

中央経済社